图解中国传统服饰

我在宋朝穿什么

陆蕾——著

江苏人民出版社

图书在版编目（CIP）数据

我在宋朝穿什么 / 陆蕾著. -- 南京：江苏人民出
版社，2023.9（2024.4重印）
（图解中国传统服饰）
ISBN 978-7-214-28277-4

Ⅰ．①我… Ⅱ．①陆… Ⅲ．①服饰文化－中国－宋代
－图解 Ⅳ．①TS941.742.44-64

中国国家版本馆CIP数据核字(2023)第161818号

书　　　　名	我在宋朝穿什么
著　　　者	陆　蕾
项 目 策 划	凤凰空间 / 翟永梅
责 任 编 辑	刘　淼
装 帧 设 计	毛欣明
特 约 编 辑	翟永梅
出 版 发 行	江苏人民出版社
出版社地址	南京市湖南路A楼，邮编：210009
总 经 销	天津凤凰空间文化传媒有限公司
总经销网址	http://www.ifengspace.cn
印　　　刷	雅迪云印（天津）科技有限公司
开　　　本	710 mm×1 000 mm　1/16
印　　　张	15
版　　　次	2023年9月第1版　2024年4月第2次印刷
标 准 书 号	ISBN 978-7-214-28277-4
定　　　价	88.00元

（江苏人民出版社图书凡印装错误可向承印厂调换）

前　言

　　中国古代有着严格的服饰制度，不同身份的人在不同场合所穿服饰的制式、色彩等均有规定，宋朝也不例外。此外，在宋朝三百多年的历史中，其服饰风格也从延续唐、五代的宽博外放向崇尚窄瘦修身的婉约内敛转变，形成了清雅俊逸的风格特征。

　　宋朝是文人墨客的黄金时代，他们或宅邸燕居，或园林雅集，或郊野宴游，吟诗作赋，挂画插花，焚香点茶，用诸般雅事升华着艺术，升华着生活。宋朝仕女的闺阁生活也丰富多彩，她们或瑶台赏月，或荷亭奕钓，或围炉博古，或品茗赏雪，在山林苑囿、亭台楼阁中陶冶着情操，消遣着时光。

　　宋朝的绘画艺术也是中国画史上的一个高峰。宋朝人物画在唐、五代人物画的基础上继续发展，题材广泛，佳作众多。宋画所描绘的人物涵盖不同阶层、不同年龄、不同职业，且写实性强，能够比较直观、准确地传达当时的风土人情与社会风貌。

　　此外，绘画、影像比之古籍文献更为形象生动，可将人物、服饰、活动等信息场景化，也让人更好地去理解某种服饰的适用人群、适用场合。得益于此，千年之后的我们仍然可以展开一幅幅宋朝人物画卷，找寻宋词里的峭窄春衫、褶褶珠裙，一览宋朝文人雅士、宫妃仕女的楚楚衣冠、丽影霓裳，管窥"侍"农工商、稚女小儿的职业装扮、四季时服。

　　本书第一至五章以宋朝绢本画为主要蓝本，以宋朝壁画为辅助，搭建了33个虚拟场景，大到谒庙朝会、宫宴雅集，小到燕居侍花、耕织斗茶，尝试在特定情境的代入中，阐述不同人物的巾帽冠带、衫袍鞋服。需要说明的是，各个场景配图仪

作为场景搭建的参考，文字中的服饰描述以后面文字及人物形象插图为准。此外，通过对古籍文献的考证，在第六、七章搭建了 5 个虚拟场景，呈现宋朝冠礼、及笄礼、婚礼中所穿服饰、所用配饰。

我想，同科学研究一样，历史的研究大多也不能一蹴而就，随着研究资料的补充，抑或是百家争鸣的讨论之后，那些"历史的谜团"即使没有论断，也会达成共识。鉴于此，本书在尚有异议之处，尽量结合影像、文字资料，给出较为合理的推断。

怀揣着对传统文化、宋朝美学的一腔热情，我投入到漫长的考证、查阅、整理与撰写的历程中，就像是一位沉浸在探坑中的考古工作者，手持软毛刷子一点点刷去文物上的尘土，忐忑着又期待着。写作的旅途有时是令人雀跃的，当那些历史图像里的服饰与古籍记述吻合时，像是拿对了开启宝箱的钥匙；有时是令人惊叹的，当那些精工细作的华服钗钿从地下的沉睡中苏醒时，像是在时间的冰原里突然触碰到大宋文明的余温；有时也是令人沮丧的，当那些存疑的认知在百转千回的探索之后仍无定论时，像是在迷宫中兜兜转转又回到了原地。

这是一本宋朝服饰的科普书，但我更希望它是感受理解宋韵美学的一扇窗，于是我融入了宋画、宋词以及中国传统色彩的相关表达。希望所有的同袍们、同胞们，能够透过"华章之美"，体会大宋气韵，感受中国气派！

2023 年 8 月

目录

书中人物介绍

读者朋友们，大家好。
我是模特**江城子**，爱好古琴、书法。我将为大家试穿宋朝不同阶层、不同身份男子的装束。

读者朋友们，大家好。我是模特**西江月**，也是一位传统服饰爱好者。我将为大家带来宋朝不同阶层、不同身份女子的装束展示。

哥哥姐姐、叔叔阿姨们，大家好。我是**南乡子**，今年 7 岁了。我将为大家带来宋朝女童的装束展示。

哥哥姐姐、叔叔阿姨们，大家好。我是**小重山**，今年 5 岁了。我将为大家带来宋朝男童的装束展示。

第一章

命妇仕女
服饰

　　命妇泛指有封号的妇女，分为内命妇与外命妇。内命妇是指皇室成员，包括后妃、未婚的公主、宗室之母和妻，外命妇包括已婚的公主、高官之母及妻。除此以外，皇家乳母、宫中女官以及有突出社会贡献的女性也可以获得外命妇封号。命妇不仅可以身穿华丽的服饰，同时还享有各种仪节上的待遇。

　　仕女是来自士人阶层、家庭殷实的女子，包括出生在读书人、官宦、商贾、富农等家庭的女性。命妇仕女是社会中上阶层的女性，社会地位高，经济条件优越，她们的服饰装扮华丽考究，同时也受到诸多礼制的约束。

 场景一　帝后谒太庙

　　是年孟春，帝后谒太庙。帝服通天冠朝服，后着袆（huī）衣。袆衣深青色，上有翚翟（huī dí）图案，衣领上有黑白相间的花纹，袖口衣边用红罗为缘饰。腰束大带，带与衣色相同。蔽膝同裙色，上绘翟纹，穿青袜金舄（xì），戴白玉双佩。头戴铺翠九龙四凤冠，插十二枝花，配博鬓三对。华冠丽服，光彩照人。

▲　宋，佚名绘《女孝经图》局部

🌀 一、后妃命妇的礼服

宋朝命妇的礼服有着严明的等级之分与适用场合，主要有袆衣、鞠衣、褕翟（yú dí）、朱衣、礼衣。

1. 袆衣——皇后的最高级礼服

袆衣是皇后专属的最高等级礼服，在受册封、朝谒景灵宫、朝会及祭祀等重大仪典时穿着。根据《宋史·舆服志》记载，袆衣的形制如下：其衣深青色，上有翟翟图案，衣领上有黑白相间的花纹，袖口衣边用红罗为缘饰。腰束大带，带与衣色相同。蔽膝与下裳颜色相同，上绘雉鸡图案，戴白玉双佩，脚穿青色罗袜以及装饰有黄金的舄。宋朝皇后坐像中的袆衣，虽然跟记载不完全吻合，但从中依然可以看到形制、图案等细节。

▼　身穿袆衣的宋朝皇后形象

2. 鞠衣——皇后的专属礼服

鞠衣也是皇后的专属礼服，在祭祀蚕神时穿着。根据《宋史·舆服志》记载，鞠衣的形制如下：由黄罗面料制成，里面的衬里为白色。腰前系蔽膝，腰系大带、革带，穿皮革做的舄，颜色和衣服颜色相同，其余和袆衣一样，只是没有翟纹。

3. 褕翟——外命妇的最高级礼服

褕翟是除皇后以外的内命妇以及外命妇的最高等级礼服，嫔妃、皇太子妃受册封、朝会以及公主婚嫁时穿褕翟。褕翟形制和皇后的袆衣类似，主要有三点不同：大带不用朱里，正面用朱锦，背面用绿锦包裹，穿青舄但不加金饰。

► 宋朝聂崇义撰《新定三礼图》中的鞠衣

◄ 宋朝聂崇义撰《新定三礼图》中的褕翟

4. 朱衣——朝谒圣容的礼服

朱衣是宋朝"昙花一现"的礼服，是宋朝礼官们为了迎合刘娥太后的参政需求增设的。朱衣基本形制与大礼服相似，但用色和纹样较为简单。朱衣用"绯罗"制成，腰前加系蔽膝，腰系革带、大带、佩绶。脚穿袜和带有金饰的履，履和衣色相同。朱衣多在朝谒圣容及乘坐轿辇时穿着，在刘娥以后，并没有被延续使用。

5. 礼衣——宴见宾客的礼服

礼衣是宴见宾客时所穿的服装，基本形式是两袖宽大的大袖衣。《唐六典》记载，钗钿礼衣，戴十二宝钿，服装颜色没有规定，形制同鞠衣，加双佩小绶，不穿舄，改穿履。

🌀 二、后妃命妇的礼冠

宋朝后妃命妇的礼冠是在形似团冠的帽胎基础上，装饰花树、博鬓、凤凰、翠鸟、游龙、珠旒等饰物制作而成，璀璨华美，多在册封、谒庙等重大场合戴，是尊贵身份的体现。礼冠上的饰物形象、数量依据主人身份品阶不同，具有严格的等级划分。以《宋史·舆服志》所记载政和年间的规制为主要依据，礼冠主要有如下四类。

1. 皇后的九龙四凤冠

"皇后首饰花一十二株，小花如大花之数，并两博鬓，冠饰以九龙四凤"。由此可见，皇后所戴礼冠为"九龙四凤冠"，大花十二株，小花十二株，虽然这里记载的是"两博鬓"，但由宋朝多位皇后画像以及出土的明朝皇后凤冠实物可知，皇后的礼冠两侧各有三对博鬓。

2. 嫔妃与公主的九翟四凤冠

"妃首饰花九株，小花同，并两博鬓，冠饰以九翟、四凤"。妃子的礼冠上大小花各有九株，用两博鬓，没有龙饰，而是用九翟四凤。翟是有五彩羽毛的野鸡，虽不及凤凰高贵，但也不失华美。由《武林旧事》卷二《公主下降》的相关记载可知，公主的礼冠也是九翟四凤冠。

3. 皇太子妃的花钗冠

"皇太子妃首饰花九株，小花同，并两博鬓"。太子妃的礼冠没有龙凤装饰，大小花各九株，共十八株，与皇太子远游冠的梁数相同，用两博鬓。

4. 其他命妇的花钗冠

其他命妇的礼服冠也叫花钗冠，"皆施两博鬓，宝钿饰"，按品级不同，形制上也有差异。《宋史·舆服志》记载："第一品，花钗九株，宝钿准花数，翟九等；第二品，花钗八株，翟八等；第三品，花钗七株，翟七等；第四品，花钗六株，翟六等；第五品，花钗五株，翟五等。"

其实，由宋朝皇后画像可以看出，实际上皇后礼冠的样子与《宋史·舆服志》所载并不完全契合，比如画像中皇后的博鬓是各有三对，冠上的装饰也不局限于龙、凤、翟、花，还有"仙人"的形象。

▲ 宋朝皇后画像中的凤冠

三、舄——等级最高的鞋子

《宋史·舆服志》提到，在身穿袆衣、褕翟时应该配青舄。那么，舄是什么呢？

舄是双层底的浅帮履，鞋底垫木，用丝绦装饰，且装有鞋带，是古代身份最尊贵的人穿的鞋子。王公大臣、后妃等在朝会、祭祀等重大场合，需要长久站立，穿这种下面垫木的鞋子，可以防止湿气或泥土进入。

不同颜色的舄均有穿着规范，要与相应的礼服搭配。天子和诸侯的舄，有赤舄、白舄、黑舄三种，后妃有搭配袆衣、褕翟的青舄以及搭配鞠衣的黄舄。

▶ 赤舄 宋，佚名绘《宋钦宗坐像》局部

▼ 赤舄 宋，佚名绘《宋宣祖坐像》局部

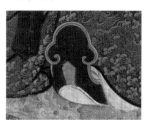

▲　宋朝皇后画像中的青舄

四、宋朝的流行面饰

　　在传世的宋朝皇后画像中，皇后们几乎无一例外地戴着装缀珍珠的凤冠，贴着珍珠花钿，戴着珍珠耳饰，既低调奢华，又不失清新典雅。那么，宋朝的贵妇们为何如此热衷于"珍珠妆"呢？

1. 宋朝为何流行珍珠妆

（1）素雅清秀的审美风格。

　　宋朝崇尚淡雅清秀的审美风格，前朝妆容中常用的面靥、额黄、斜红对于宋朝女子来说过于妩媚娇艳了。于是，爱美的她们将这些部位的装饰换成了素雅的珍珠，引领了"珍珠妆"的潮流。

（2）日益成熟的育珠技术。

　　中国是最早进行人工养殖珍珠的国家，宋朝庞元英所著《文昌杂录》，详细地记载了人工育珠的始创者和具体方法。随着宋朝人工培育珍珠技术的成熟与推广，珍珠的广泛使用与流行成为可能，不仅应用在妆容上，而且广泛应用于饰品、鞋服、器物上。

（3）日趋繁荣的商品经济。

　　在宋词中，多见关于"珠裙""珠鞋"的描述，由此可见，上到官宦贵族，下至平民百姓，都偏爱用珍珠作为装饰。即使在今天，一颗品质上乘的珍珠也是价值不菲。那么，在千年之前的宋朝能够如此普遍地使用珍珠，也侧面反映出宋朝的经济实力。

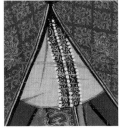

▲　皇后袖口上的珍珠装饰　▲　皇后袖口上的珍珠装饰　▲　椅帔上的珍珠装饰　　　▲　宫女鞋上的珍珠装饰

2. 珍珠是用什么粘贴的

呵胶，以鱼鳔制成，易融化，是古代女子粘贴花钿的胶。宋朝叶廷珪的《海录碎事·百工医技》记载："呵胶出辽中，可以羽箭，又宜妇人贴花钿，呵嘘随融，故谓之呵胶。"呵胶一经呵气，黏合力会很强，除了粘花钿，还可以用来粘箭羽。卸妆时用热水一敷，便可取下花钿，方便好用。

▲ 珍珠花钿
宋，佚名绘《宋高宗后坐像》局部

3. 鱼媚子——别具巧思的面饰

爱美的宋朝女子们除了用珍珠饰面，还有一种别具巧思的"鱼媚子"。据《宋史·五行志三》记载："淳化三年，京师里巷妇人竞剪黑光纸团靥，又装镂鱼腮中骨，号'鱼媚子'以饰面。"据当代学者陈诗宇考证，"鱼腮中骨"应该是青鱼喉部的一块硬如石头的骨头，叫鱼石，经过打磨抛光后莹润如玉，可以做成饰品装饰面部或装在发冠上，十分美观。因此，"鱼媚子"的制作方式应该是先用黑光纸剪成一个圆形，然后将雕镂成一定形状的鱼石粘在黑光纸上，在黑光纸的衬托下，红润的鱼石更显莹亮明媚。

▲ 鱼媚子
根据史料记载推测绘制

小贴士 现代宋制婚礼可以穿袆衣或褕翟吗？

可以。如果作为婚服穿着，新郎也要穿相应级别的礼服——通天冠服或远游冠服。但这或许"过于隆重"，建议在服饰展示、文化科普等场合穿着。◈

场景二 赐宴外命妇

上元佳节，众外命妇奉旨进宫赴宴，遂有幸一睹诸后妃凤颜荣光。

诸后妃均穿常服赴宴。后穿绛罗褾子，外罩牡丹纹纱罗大袖，下穿印金球路纹黛青长裙。披凤穿云纹刺绣霞帔，配花草纹玉帔坠，霞帔缘边均缀以珍珠装饰，华美粲然。后面着三白妆，饰以珍珠面靥、耳坠，头戴镂金凤簪，颈项佩戴红白相间的水晶珠链，其做工精细奇巧，叹为观止。

其余诸妃或披大袖霞帔，或着各色褾子，戴白角团冠、缕金云月冠，以白玉簪导之。目之所及，衣香鬓影，雯华若锦。

▲ 宋，佚名绘《宋宣祖后坐像》局部

☁ 一、大袖——贵妇的盛装

1. 大袖的形制

大袖是宋朝上层女性的常服，这里所说的"常服"不同于我们现代理解的"日常服饰"，是指在较为正式的场合穿着的盛装。《宋史·舆服志》记载："其常服，后妃大袖，生色领，长裙，霞帔，玉坠子，褾子、生色领皆用绛罗，盖与臣下不异。"

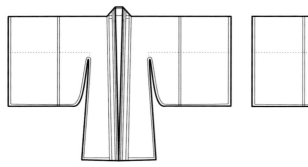

▲ 大袖形制示意图正面
根据福建省福州市南宋黄昇墓出土大袖衫绘制

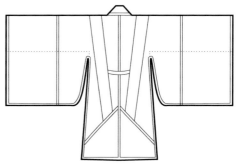

▲ 大袖背后储放霞帔末端的三角兜

　　大袖为直领对襟，衣袖宽博，衣长及膝下，两侧开衩，领口、衣襟处多用刺绣、销金、彩绘等工艺装饰，所谓"生色领"即有花卉图案装饰的领子。《宋宣祖后坐像》以写实的画风与细腻的笔触，让我们穿过千年的时光一睹大袖的风华。杜太后身穿黄罗暗纹大袖，杏黄曳地长裙，衣摆后身开衩，前短后长，外搭有蓝底凤纹霞帔，头戴铺翠凤冠、博鬓，将后妃华美粲然的形象表现得淋漓尽致。

2. 后妃的其他常服

　　除大袖以外，宫妃的常服还有哪些呢？李心传《建炎以来朝野杂记》记载："真红大袖，红罗生色为领，红罗长裙，红霞帔，药玉坠子，红罗褙子，黄纱衫子，白纱襦裤，明黄裙，粉红纱短衫。"由此可见，后妃常服多为大袖、褙子、长裙、衫，多以罗、纱为面料，颜色多是红、黄等较为明艳的色调。

二、霞帔——身份的象征

1. 霞帔的形制

　　霞帔是在披帛基础上发展出的一种新形式，其制式为狭长形，前端相连成∨形，下端系金或玉质地的"帔坠"。霞帔上常绣有凤鸟花纹图案，或在边缘装饰珍珠，穿戴时自领后绕至胸前，披搭而下，在大袖领子侧部有纽襻固定。

　　宋朝帔坠的质地主要分金、银、银鎏金、玉几种，形状大都为鸡心状，纹饰主要以禽、花草、鱼等为主，做工精细考究。吴自牧《梦粱录》记载："且论聘礼，富贵之家当备三金送之，则金钏、金镯、金帔坠者是也。"由此可见，南宋时金帔坠已经成为富贵人家嫁娶时必备的聘礼之一。

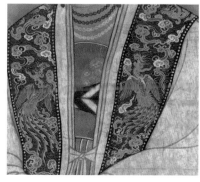
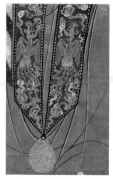

▲ 霞帔纹样　　　　　　　　　▲ 霞帔末端　　　▲ 霞帔坠

2. 哪些人有资格穿霞帔？

　　宋朝霞帔非恩赐不得服，只有成为命妇，才有资格穿戴霞帔，一般的女性穿大袖时只能搭配横帔或直帔，如江西省赣州市慈云寺塔绢画中的女子即穿大袖衫搭配横帔。但是也有例外，比如歌舞乐者因表演角色需要，可以穿戴霞帔。依据"大礼可摄胜"的礼制规定，平民女子在出嫁这天可以破例穿戴霞帔。

3. 宋朝与明朝霞帔的区别

　　宋朝与明朝霞帔的区别主要体现在两个方面。第一点是宋朝霞帔纹样未有严格的等级之分，目前尚无明确记载宋朝霞帔等级的文字。而明朝霞帔以云霞花鸟纹区别等级，有比较严谨的规制，"凤冠"和"霞帔"成为命妇礼服的固定搭配，这时候才有了"凤冠霞帔"的统一叫法。第二点则体现在帔坠上，宋时帔坠有孔无钩，用绳系于霞帔底端，发展至明朝则逐渐便利化，在帔坠上增加了钩，佩戴时直接挂在霞帔末端即可。

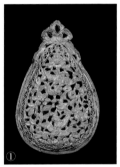

① 宋朝鸾凤穿花纹金帔坠
② 南宋银鎏金鸳鸯衔荷纹霞帔坠
③ 南宋桃形透雕石霞帔坠
④ 带有挂钩的明朝金帔坠

4. 霞帔、横帔、直帔的区别

　　成书于北宋元丰年间（1078—1085）的《事物纪原》（高承）记载："今代帔有二等，霞帔非恩赐不得服，为妇人之命服，而直帔通用于民间也。"成书于南宋的《朱子语类》记载："《苍梧杂志》载'背子'，近年方有，旧时无之……女人无背，只是大衣。命妇只有横帔、直帔之异尔。"那么，霞帔、横帔与直帔有什么区别呢？目前，相关学者一般认为，霞帔是命妇专用的有五彩图案的披帛，直帔形似霞帔，用法也与霞帔相似，但只是用布帛制成，没有额外的五彩图案装饰。横帔与直帔都是民间通用的样式，但横帔的佩戴方式与霞帔、直帔不同，从背部向前环绕然后于两手相交处垂下。

英英肯似焉支贵。漫脱红霞帔。

——宋，刘辰翁《虞美人·大红桃花》

● **西江月的今日穿搭：**

桃红抹胸＋鹅黄素罗上襦＋泥金菊花
纹缘边绛罗褙子＋牡丹花罗绛红大袖＋
黛青球路纹百迭裙＋云凤纹黛青霞帔＋
缠枝花草玉帔坠＋绛红翘头履

● **发型配饰：**

同心髻＋镂金凤簪＋珍珠宝石排珠耳
坠＋红白水晶珠链＋绿松石金戒指

● **妆容：**

三白妆＋珍珠花钿面靥

◀ 命妇的盛装——大袖霞帔

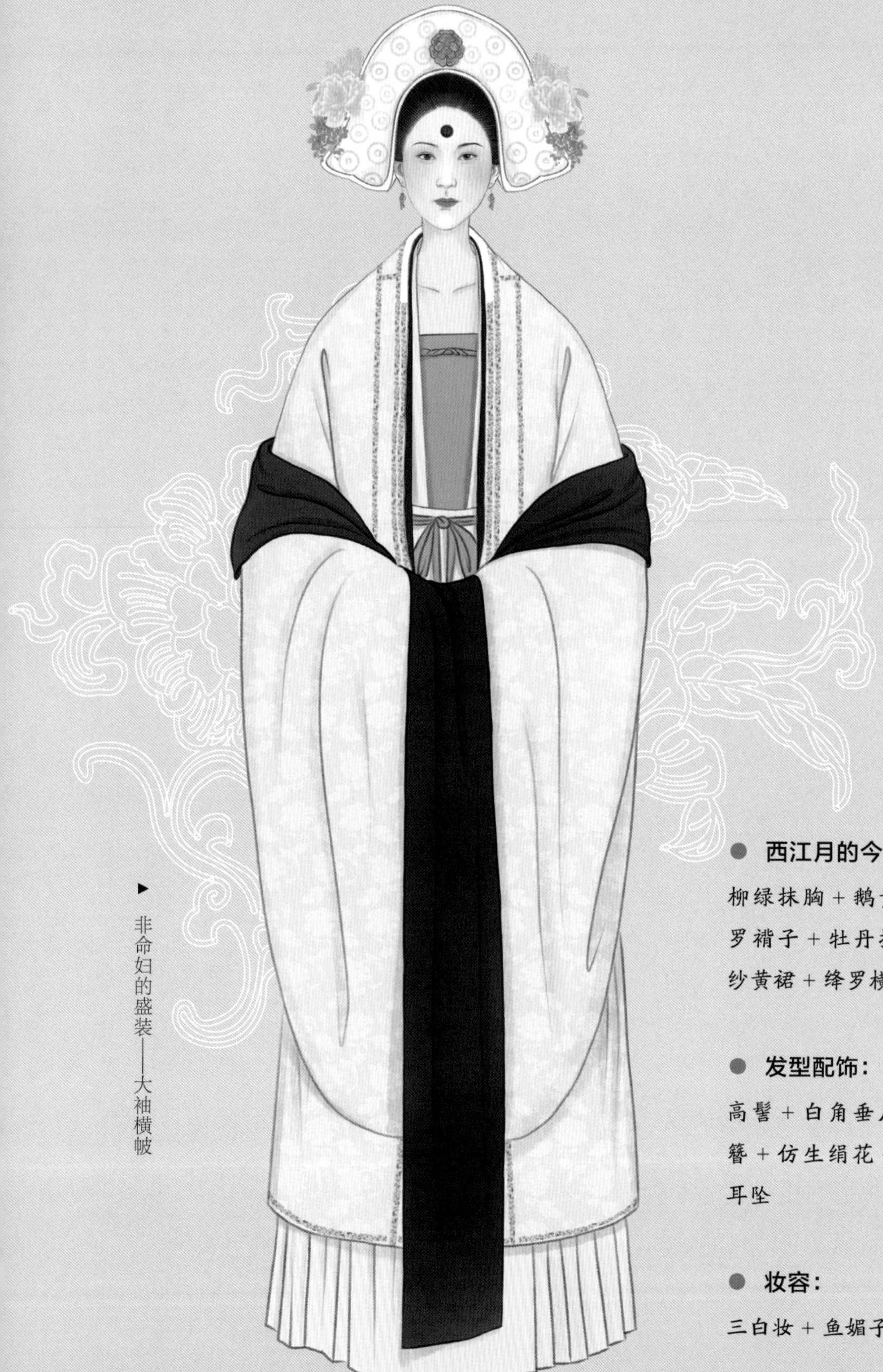

曲眉浅脸鸦发盘，白角莹薄垂肩冠。

——宋，梅尧臣《当世家观画》

▶ 非命妇的盛装——大袖横帔

● **西江月的今日穿搭：**

柳绿抹胸＋鹅黄素罗上襦＋红
罗褙子＋牡丹提花罗大袖＋素
纱黄裙＋绛罗横帔

● **发型配饰：**

高髻＋白角垂肩冠＋鎏金花头
簪＋仿生绢花＋童子执荷叶金
耳坠

● **妆容：**

三白妆＋鱼媚子

三、宋朝贵妇的首饰盒里有什么

通过《宋宣祖后坐像》我们可以看到，杜太后脖子上戴着红白相间的珠串项链，耳朵上戴着排珠耳坠。其他宋朝皇后画像里也出现了不同款式的珍珠耳坠，一般长度较长，还出现了珍珠与宝石搭配的样式，推测这种奢华的长耳坠应该只有后妃、命妇可以佩戴。那么，宋朝贵妇的首饰盒里还有哪些饰品呢？

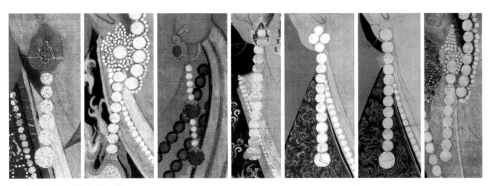

▲ 宋朝皇后画像中的耳坠

1. 耳饰

宋朝耳饰的材质以金质居多，也有金与水晶结合、花丝嵌宝石的做法，样式繁简不一。根据耳饰主体形状的不同，可将宋朝耳饰分为以下样式：鱼钩形、月牙形、长叶形、花卉果实形、几何形、动物形、动植物与人物组合形等。

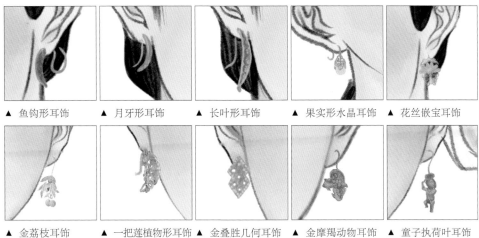

▲ 鱼钩形耳饰　　▲ 月牙形耳饰　　▲ 长叶形耳饰　　▲ 果实形水晶耳饰　　▲ 花丝嵌宝耳饰

▲ 金荔枝耳饰　　▲ 一把莲植物形耳饰　　▲ 金叠胜几何耳饰　　▲ 金摩羯动物耳饰　　▲ 童子执荷叶耳饰

2. 项饰

从目前发现的宋朝项饰实物来看，主要有珠串以及念珠两类。

（1）珠串。

珠串是由数枚穿孔的珠子穿连而成的一种项饰。一条珠串的珠子可能为同一质地，也可能穿插几颗其他质地的珠子；珠子大小或相等，或穿插几枚大小不等的珠子，或在珠子之间插有其他形状的装饰品。

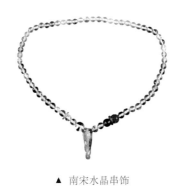

▲ 南宋水晶串饰　　　　　　　　▲ 水晶珠串

（2）念珠。

别名"佛珠""数珠"，原为佛教教徒念佛的工具，由数枚穿孔的木珠穿连而成，后发展成为装饰品的一种。南宋黄昇墓出土了两串木念珠，2008 年南京市秦淮区长干寺地宫出土了水晶念珠，五代南唐周文矩的《荷亭奕钓仕女图》中亦有一位戴念珠的女子。

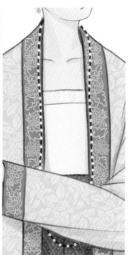

▲ 念珠

3. 臂饰

宋朝的臂饰主要为"缠钏",又称"跳脱""条脱""缠臂金"等。其形式似弹簧,少则两圈,多则数圈不等。镯头用粗丝缠作活扣与下层的连环套结,可以左右滑动调节松紧。缠钏表面可用花草纹样装饰或者光素无纹,是极富女性特质的首饰,最适合上臂丰润的女子佩戴。金灿灿的臂钏,更能衬托出肌肤胜雪、柔媚绰丽的容姿。

▲ 金臂钏

▲ 金臂钏佩戴示意图

4. 腕饰

目前出土的宋朝腕饰主要有钳镯和手串两类。钳镯一般为单环,有豁口,镯面有宽有窄,宽镯面通常有弦纹将镯面等分或有花鸟纹样装饰,窄式一般没有弦纹分割。手串主要有玛瑙、水晶两种不同的质地,出土实物有河北省定州市静志寺地宫出土的北宋玛瑙手串,以及上饶博物馆馆藏的水晶手串等。

▲ 南宋花卉纹金钳镯

▲ 南宋弦纹金镯

▲ 花草纹钳镯

▲ 玛瑙珠串 参考定州市静志寺地宫出土的北宋珠串实物绘制

5. 指饰

在宋朝，指环又被称作"指镯"。目前可以看到的宋朝流传下的指环实物多出土于墓葬，材质以金质居多，可分为钳镯式、缠钏式、嵌宝式指环三类。

▲ 钳镯式金戒指
参考浙江省建德市大洋镇
下王村宋墓出土金指镯绘制

▲ 缠钏式金连戒
参考江苏省常州博物馆藏南宋缠钏
式金连戒绘制

▲ 嵌宝金戒指
参考浙江省杭州市临安区
宋墓出土金嵌松石指环绘制

小贴士　在现代，哪些场合适合穿着大袖霞帔？

建议把大袖霞帔作为出席较为正式场合的盛装，可以在毕业晚会、宋制婚礼、汉服展示或走秀、写真视频拍摄等场合穿着，穿着时可搭配团冠、花冠、博鬓或者体量较小的凤冠。

 场景三　闺蜜下午茶

莺飞蝶舞，春日渐长，宫中的午后时光愈发慵懒无趣。张娘子欲烹些新茶，去找苗娘子一起品饮。

"阿奴，帮我更衣梳妆，今日就穿檀色素罗襦配球路纹真丝绸下裙。对了，再配上那条天青色披帛。"罗衣更毕，阿奴又帮张娘子梳上高高的鬟髻，戴上银鎏金珍珠细钗、插梳，再戴上前日官家刚赏的一对金镯，甚是典雅浓丽。"娘子，阿奴再给您化个檀晕妆，才更显气色呢。"只见阿奴先在张娘子两颊薄施铅粉，再敷檀粉，薄染面中和眉下，微红的颜色层层晕开，如这春日里的桃花绽放，煞是娇羞。

行至东御园，苗娘子身着襦裙披帛迎风走来，还带来她亲制的精巧茶点。主仆四人，赏春品茗，打趣逗乐，相谈甚欢。

北宋初期的服饰风格沿袭晚唐、五代遗风，以宽博舒适为主。此时的襦裙亦延续晚唐、五代的齐胸穿法，即将裙束在高至胸部的位置。

襦裙一般为上穿短襦下穿裙的搭配方式，是宋朝女子较为普及的日常服饰。从《饮茶图》可以看出，宋朝女子上身穿襦，下身着长裙，以裙掩衣，肩部配有披帛。

▲ 宋，佚名绘《饮茶图》局部

一、襦与襦裙

襦，短衣，可以加腰襕，也可以不加，有单层、复层之分，单襦近乎衫，复襦则近袄，衣身两侧不开衩。两汉乐府诗《陌上桑》里"缃绮为下裙，紫绮为上襦"的诗句以及出土服饰实物印证了秦汉时期已有"襦"的存在。

1. 襦的种类与穿法

襦按照领型的不同，可以分为直领、交领、坦领三种形制。女子穿襦多和下裙搭配穿着，所以也称"上襦"。襦的形制简单，不分身份高低，平民与贵族都可以穿着。

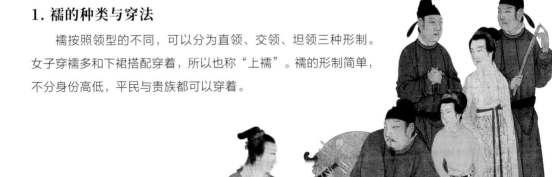

▶ 穿直领对襟襦裙的女子
五代，顾闳中绘《韩熙载夜宴图》局部

2. 交领要"右衽"

　　《饮茶图》中女子（正面）上襦的穿着方式为"交领右衽"，即左衣襟压右衣襟呈现 y 字形，这是中国古代汉民族多采用的服饰穿着方式。

　　交领是指将门襟相互交叠穿着的领型，是最早被称为"有领"且饰有领缘的领型，是中国传统服饰的经典领型，在历代传统服饰中皆有使用。需要注意的是，交领的右衽与左衽要分辨清楚。在历史上，多数情况下，汉族采用"右衽"，少数民族采用"左衽"。

3. 襦裙的穿衣层次

　　从江西省赣州市慈云塔绢画中供养人的形象可以看出，北宋初期仍延续齐胸襦裙的穿法，且上襦为对襟穿法，外面罩穿了宽袖衫，宽袖衫的袖长仅到肘部。而《饮茶图》中女子所穿齐胸襦裙的上襦为交领穿着，《浴婴图》中女子在齐胸襦裙外还罩了件半袖短衫，穿着风格变得相对内敛。

▲ 穿齐胸襦裙的仕女　　　　▲ 齐胸襦裙　　　　　　　▲ 齐胸襦裙外搭半袖短衫
江西省赣州市慈云塔绢画　　　宋，佚名绘《饮茶图》局部　　宋，佚名绘《浴婴图》局部

月下步莲人，薄薄香罗，峭窄春衫小。

——宋，曹组《醉花阴·九陌寒轻春尚早》

宋初齐胸襦裙穿搭

● **西江月的今日穿搭：**

檀色素罗襦＋球路纹齐胸罗裙＋天水碧纱罗披帛

下裙纹样根据宋刘松年《宫女图》推测绘制

● **发型配饰：**

多鬟髻＋银鎏金凤簪＋金插梳＋嵌珠金博鬓＋弦纹金镯

● **妆容：**

檀晕妆

🌀 二、裙的分类

上衣下裳是中国古代服饰形制之一，下裳即裙之意。宋朝女子下裙多为长裙，盖住鞋袜。长裙曳地，腰间系带。结合出土实物以及石刻、壁画等图像资料，宋朝常见的裙子主要有五种，百褶裙、百迭裙、合围裙、三裥裙以及两片裙——旋裙，至于较少见的前短后长等异形裙，本节不做赘述。

1. 百褶裙

在宋朝，百褶裙的制作要先用多块布幅拼缀成一整个长方形，再将长方形布幅做满褶裥，通过对裙身褶裥宽窄、多少的调整完成腰部收束。受古代织机纺布的幅宽限制，下裙的布帛门幅较窄，通常要多幅布帛才能拼成一条裙子。唐朝的裙多为六幅，宋时女子下裙有六幅、八幅、十二幅等，最多达三十幅，多有褶裥，所以称为"褶裙"或"折裙"。

2. 百迭裙

百迭裙又叫交叠式百褶裙，是百褶裙的一种。裙身两侧或宽或窄，留有部分布片不做褶裥，穿上之后，这两部分布片在身前交叠，形成一长条平整无饰的素面。

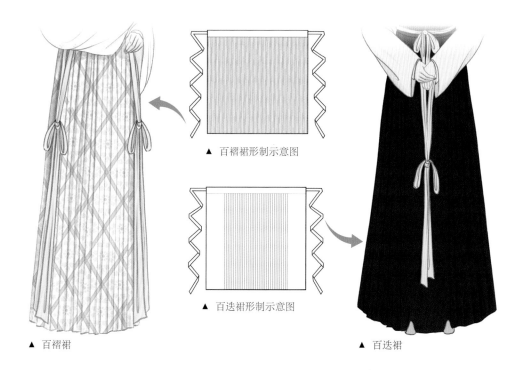

▲ 百褶裙形制示意图

▲ 百迭裙形制示意图

▲ 百褶裙

▲ 百迭裙

3. 合围裙

　　合围裙的裙腰宽度较小，与一个成年女子的腰围相当，没有或者仅有少量裙腰交叠。合围裙在搭配中应该是穿着在其他裙或裤之外的罩裙，行走间，裙褶舒展，内层衣装隐现，极富层次感。

　　合围长短不一，从目前的文物实物来看，又有百褶式合围、百迭式合围和一片式合围。开衩可在前侧中间，也可在身体一侧，其穿着搭配方式是比较灵活的。

▲ 百迭式合围　南京高淳花山乡宋墓出土

▲ 百褶式合围　福州南宋黄昇墓出土

▲ 一片式合围：星地折枝花纹绫夹裙　江西省德安县南宋周氏墓出土

◀ 身穿合围的农妇　元，程棨摹宋朝楼璹《耕织图》局部

▲ 合围

4. 三裥裙

三裥裙由四幅方形布拼接，在裙身正中及左右两侧留有三个裥裙，其他地方均为素面。身穿三裥裙行走时，裥褶处随脚步摆动，素面处略有摇动，呈现出与百褶裙、百迭裙不同的姿态。

目前留存的三裥裙实物较少，仅有德安周氏墓的驼色如意珊瑚纹罗裙。三裥裙的裙摆较为宽阔，远大于其他裙装，德安周氏墓这条罗裙的裙摆宽度几乎是裙腰的两倍，差值达到了 111 厘米。

5. 旋裙

旋裙的"旋"字用作定语时是"便捷"的意思，是一种前后开胯以便于出行乘骑的裙。从结构上来说，旋裙是两片式长裙，裙身由两个互相独立的裙片组成，所谓"开胯"，就是指衣裙布片在胯部分裂而形成开衩。当外出骑乘时，身前身后叠合的裙片会被向两旁撑开，以开衩为界垂在两腿上。

这类裙装在宋朝女子墓葬中大量出土，其中南宋黄昇墓出土的 21 条裙装中就有 17 条旋裙，而且在两侧、下摆及缝脊处有精美的印金或彩绘装饰。有意思的是，当时黄昇身穿旋裙外罩着合围式百褶裙，从这个穿着顺序，我们还能看出旋裙与合围式百褶裙的搭配方式。这是宋朝普遍的搭配方式还是黄昇个人的喜好，我们便不得而知了。但是，由此也可以看出宋朝女子着装搭配方式的多样与灵活性。

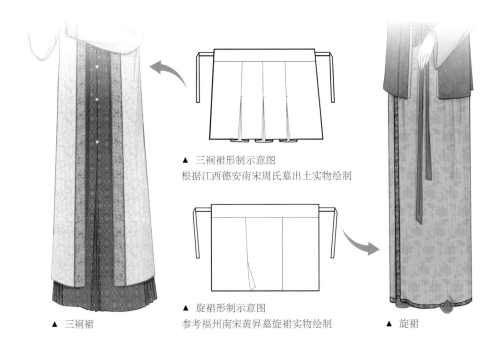

▲ 三裥裙形制示意图
根据江西德安南宋周氏墓出土实物绘制

▲ 旋裙形制示意图
参考福州南宋黄昇墓旋裙实物绘制

▲ 三裥裙　　　　　　　　　　　　　　　　　　　　　　　　　　▲ 旋裙

❧ 三、宋词里的"裙"

宋词里关于裙的描述很多，表现了裙的面料、颜色以及装饰等方面的特征。

1. 裙的面料

在宋词里，"罗裙"出现的频率较高，由此可见宋朝女子的裙子大多以罗制成。

双蝶绣罗裙。东池宴，初相见。——张先《醉垂鞭·双蝶绣罗裙》

记得绿罗裙，处处怜芳草。——贺铸《绿罗裙·东风柳陌长》

罗裙香露玉钗风。靓妆眉沁绿，羞脸粉生红。——晏几道《临江仙·斗草阶前初见》

也有关于"纱裙"的描写：

宫锦袍熏水麝香。越纱裙染郁金黄。——贺铸《减字浣溪沙·十五之十》

一片西窗残照里，谁家。卷却湘裙薄薄纱。——蒋捷《南乡子·黄葵》

银红裙裥皱宫纱。风前坐，闲斗郁金芽。——蒋捷《小重山·晴浦溶溶明断霞》

宋朝的服饰面料以丝织品为主，品种有织锦、花绫、纱、罗、绢、丝等。制作裙子多以罗或纱为主，轻薄透气，雅致舒适。

2. 裙的颜色

红裙在宋朝非常流行，深受女子喜爱。因为红裙常用茜草、石榴花染制而成，所以也叫"茜裙""石榴裙"。

水湿红裙酒初消，又记得、南溪事。——晏几道《留春令·采莲舟上》

金尊照坐红裙绕。怪一饷、歌声悄。——王之道《青玉案·金尊照坐红裙绕》

东亭南馆逢迎地，几醉红裙。——贺铸《罗敷歌（采桑子）·五之五》

红裙中尤以石榴裙最为鲜艳，多是歌伎乐舞的穿着。

诉衷情

晏几道

御纱新制石榴裙，沉香慢火熏。越罗双带宫样，飞鹭碧波纹。

陬锦字，叠香痕，寄文君。系来花下，解向尊前，谁伴朝云。

像石榴花一样浓丽的纱裙，用越罗裁制的裙带上绣着宫中最时兴的纹样——飞鹭碧波纹。晏几道的这首词呈现了裙的面料、颜色、图案。此外，还有"退红裙"——浅红色裙子：

退红裙，云碧袖，花草争春。——毛滂《于飞乐·和太守曹子方》

碧玉篦扶坠髻云。莺黄衫子退红裙。——张先《定风波令（般涉调）》

还有"湘叶惢惢换翠裙""碧染罗裙湘水浅""草色连天绿似裙""揉蓝衫子杏黄裙""娇

儿两幅青布裙"……从这些描绘裙子颜色的词句中，我们可以看到翠、碧、绿、杏黄、青等裙子的色彩，其中青裙一般为在田野劳作的妇女所穿着。

3. 裙的装饰

宋朝女子裙上的装饰工艺种类繁多，精巧华美。

刺绣："双蝶绣罗裙""绣罗裙上双鸳带"。

草木染："淡黄衫子郁金裙""上界笙歌下界闻，缕金罗袖郁金裙"。宋朝有人用郁金香草染裙，使之有郁金的颜色和香味，郁金相当于今天的杏黄色。

缕金："缕金裙窣轻纱，透红莹玉真堪爱""绛裙金缕褶，学舞腰肢怯"。缕金即以金丝为饰。

装饰珍珠："恐舞罢、随风飞去，顾阿母、教窣珠裙""荷香凉透，柳阴深锁，翠袂珠裙"。

此外，束裙的裙带也常用刺绣、缀玉或将其结成花朵形状等进行装饰。

🌀 四、披帛戴法知多少

披帛是古代女子披搭在肩背，缠绕于双臂的长条帛巾，又称"领巾"。起初多是嫔妃、歌姬、舞女使用，后来逐渐普及至民间妇女群体。

从存世的宋画、壁画等图像资料来看，披帛在北宋依然流行，多在搭配襦裙、大袖时出现，到了南宋时期，女子使用披帛的频率逐渐减少。宋朝披帛主要有以下三种戴法：一是披搭在两肩，披帛两端垂在身体前方，在身体腰背处形成弧度；二是披搭在两肩，披帛两端垂在身体后方，在胸前、腰腹处形成弧度；三是从后往前披搭，后面在腰上下形成弧度，前面的两端搭在肘关节附近。

▲ 披帛
宋，刘松年绘《宫女图》局部

小贴士　披帛怎么固定不容易掉？

利用别针、磁铁、发卡等将披帛固定在衣服的两肩膀处。比较推荐用磁铁，不伤衣服。如果采取第三种披搭方式，可将披帛系扎在肘关节位置。◈

场景四 奴面不如花面好

是月，春光将暮，百花尽开，牡丹尤为奇绝。娘子晨起，晓妆云髻，想来是插花初毕，伫立盥手。只见她头梳小盘髻，以红丝缯（zēng）发带束起，戴缠枝牡丹纹青玉插梳，缀珠金帘梳一对，长叶形金耳坠一对。身穿印金白罗襦，外罩芙蓉梅花纹纱罗背心，下穿菱格花草纹齐腰百褶裙，系鹅黄色绦带。丛竹茏葱，拳石翠草，漆案朱几，双鬟侍候，似是宫中别苑。她一边盥洗纤指，一边回顾古铜花觚里的牡丹，顾盼凝视间，似在喃喃低语"奴面不如花面好"。

▲ 宋，佚名绘《盥手观花图》局部

一、齐腰襦裙的穿搭

1. "短袖"叠穿

在宋画《盥手观花图》及《妆靓仕女图》中均描绘了身穿齐腰襦裙的仕女形象：她们高挽鬟髻，头戴簪钗，身穿上襦、曳地长裙，肩戴披帛，腰间还系有环佩。

在襦裙的穿搭基础上，还可以叠加半臂，宋朝佚名画作《浴婴图》中即有襦裙外搭配红纱半臂的女子形象。除此以外，半臂也可以跟上襦一起掩入裙内，就像《宫沼纳凉图》所描绘的这样。

① 身穿齐腰襦裙的仕女 宋，佚名绘《盥手观花图》局部
② 身穿齐腰襦裙的仕女 宋，苏汉臣绘《妆靓仕女图》局部
③ 穿半臂的仕女 宋，佚名绘《宫沼纳凉图》局部

半臂与襦裙叠穿的穿搭展示

约腕金条瘦。裙儿细裥如肩皱。

——宋·吕渭老《千秋岁·宝香盈袖》

▶ 半臂与襦裙叠穿

● **西江月的今日穿搭：**

印金白罗襦 + 芙蓉梅花纹纱罗半臂 + 菱格花草纹齐腰百褶裙 + 鹅黄色绦带

下裙纹样根据宋刘松年《宫女图》推测绘制

● **发型配饰：**

小盘髻 + 缠枝牡丹纹青玉插梳 + 缀珠金窗梳 + 长叶形金耳坠

二、宋朝女子流行发式

我们常说的"鬟髻"其实是两种发型，也是宋朝女子的主要发式类型。鬟是中空如环形的发型，髻是盘在头顶或脑后的发式，"鬟"和"髻"又可以细分为多种样式。通过宋朝仕女们的"写真肖像"，我们得以一览佳人们的云鬟雾髻。

1. 鬟

依编结而成的鬟数分为以下三种。

双鬟：其发式的特点是将头发从中间向左右分开，两侧各取出一股头发，形成中空的鬟，发尾处绕结于耳后，盘卷垂下。

多鬟：在头顶盘结三个及以上中空的鬟。

双垂鬟：将头发分成两部分，在头的两侧各梳有一鬟髻，并使之垂下。多为未婚女子或侍女、僮仆等所梳。

① 双鬟（右）　宋，牟益绘《捣衣图》局部
② 多鬟　宋，刘松年绘《宫女图》局部
③ ④ 双垂鬟　宋，刘松年绘《宫女图》局部

2. 髻

根据髻的形状，可分为如下几类：

（1）同心髻。

将头发梳于头顶后，盘成一个圆形的高髻。

（2）流苏髻。

在将头发绾成同心髻后，在发髻底部束丝带，丝带飘扬犹如流苏，因此得名。

① 同心髻　宋，佚名绘《女孝经图》局部
② 流苏髻　宋，佚名绘《饮茶图》局部

（3）芭蕉髻。

将头发束于后脑，梳成椭圆形的发髻，再在髻的四周用珠翠钗钿装饰。

（4）双蟠髻。

因宋朝苏轼词中"绀绾双蟠髻"的句子得名，又名龙蕊髻。其发式有些像压扁的鬟髻，髻心较大，髻底部多系束绢帛，周围以发带、花钿、珠花等头饰装饰。

③ 芭蕉髻 宋，佚名绘《浴婴图》局部
④ 双蟠髻 宋，佚名绘《饮茶图》局部

（5）高椎（chuí）髻。

将头发拢结，绾成单椎，造型类似木椎。宋朝女子多将发髻梳于头顶，为高椎髻。

（6）双髻。

由两个实心发髻组成，通常是将女子头发从中分成两股，用丝绦结成双髻，可以高竖于头顶，也可以垂在脑后梳成双垂髻。此发式多为少女和未婚女子所梳。

⑤ 高椎髻 宋，佚名绘《浴婴图》局部
⑥ 双髻 宋，李嵩绘《听阮图》局部

（7）小盘髻。

又名抛髻，是宋时女子较为流行的发式。"凡三围插金钗，不用网固者为小盘髻。"其髻式特点是将头发束起后围成三圈，紧紧扎牢，插以金钗，不用丝网固定。与之对应的是大盘髻，是用丝网固定，围成五圈的发髻。

（8）飞天髻。

其发式是将头发三等分，结三鬟于头顶。刘松年《宫女图》中就有此发式。据《宋书·五行志》记载："文帝元嘉六年，民间妇人结发者，三分发，抽其鬟直上，谓之飞天。"

⑦ 小盘髻 宋，李嵩绘《听阮图》局部
⑧ 飞天髻 宋，刘松年绘《宫女图》局部

（9）**堕马髻。**

也称坠马髻，不同时期形制有所不同。秦汉时期，为于脑后一侧下垂式的发髻，形如人将要从马上坠落时。唐宋时期，发展成高盘于头顶的发髻，即发髻集于头顶处且呈现一侧下垂状。

（10）**盘福龙髻。**

又名"便眼觉"，也称"便眠髻"，因髻形扁圆不妨碍睡眠得名，是一种大而扁的发髻。

（11）**包髻。**

是宋时特有的发式之一，在发式造型完成后，再用色绢、缯一类布帛，把发髻包住。此外，可以利用布帛的可塑性，将发髻包成花朵、浮云等形状，并饰以鲜花、珠翠等装饰物。

⑨ 堕马髻 宋，苏汉臣绘《妆靓仕女图》局部

⑩ 盘福龙髻 宋，佚名绘《女孝经图》局部
⑪ 包髻 宋，佚名绘《女孝经图》局部

3. 梳头工具

梳妆的场景是宋朝仕女画的常见题材。那么，宋朝女子的梳头工具有哪些呢？从文字资料、存世实物以及图像资料来看，宋朝女子常用的梳头工具主要有梳子、篦子。梳篦大多为半月形，梳子又可分为一体式梳子和包背式梳子，此外还有插梳、帘梳这种具有装饰功能的梳子。

（1）一体式梳。

一体式发梳所用的原料有木、骨、犀牛角、玉、金银等，梳背可镶嵌珍珠或者镂雕花纹。木梳因其价格低廉，最为普及，金属或玉质的一体式梳最能体现宋朝梳篦的复古华丽。由于金属打造的梳齿较软，玉质的梳齿易折，所以金、玉质地的梳子多是用来装饰发髻的插梳或帘梳。

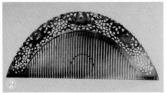

① 宋半月形镶珠木梳
② 宋缠枝牡丹纹玉梳

（2）包背式梳。

分为梳背和梳体两部分，梳体多为木质，梳背多用金银制作，然后包镶于梳体。由于木质易腐，所以考古发掘的实物多仅剩梳背。

（3）篦子。

宋朝篦子的出土数量远少于梳子，材质也比较单一，多为竹子制成。篦子的造型分为两种，第一种与梳子相似，但篦齿更加细密；第二种很接近现代的篦子，外形似"非"字，如常州武进村前蒋塘南宋墓出土的竹篦，两面篦齿细密，中间由两片竹质篦梁将篦齿及篦档夹住，辅以棉线捆绑固定。

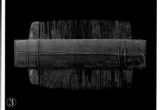

① 宋荷花纹玉梳背
② 宋镂空金梳背
③ 宋竹篦

三、宋朝女子的发饰

从《盥手观花图》中我们可以看到，仕女发髻上与手腕上都戴着精美的饰品，宋朝人非常重视妆饰，且其饰品工艺也极为考究。宋朝女子常用的发饰大体可以分为三类：簪钗、步摇和帘梳。

1. 簪钗

宋朝女子最常见的首饰便是簪钗了。折股钗在两宋时期很流行，当时的典型装饰纹是竹节、竹叶和花卉。宋朝的花钿钗在唐朝的基础上进行了创新，把原本分散的花钿相连，形成一道弯弧，佩戴起来既方便又美观。此外，大宋美人还新创了桥梁式簪钗、花瓶簪。花瓶簪由琉璃制成，簪首呈花瓶形状，可以插入时令鲜花或仿生罗绢花，然后簪在发髻上。宋朝女子钟爱簪花，花瓶簪也是体现这一偏好的精巧发明了。

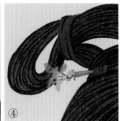

① 金球簪与折股钗　参考常州博物馆藏南宋金球银簪与江苏江阴夏港宋墓折股钗绘制
② 花钿钗　参考南宋江阴山观窖藏南宋花钿钗绘制
③ 桥梁钗　参考宋朝金桥梁式花筒钗绘制
④ 花瓶簪　参考上海玻璃博物馆宋朝蓝色琉璃花瓶簪绘制

2. 步摇

　　宋朝的步摇中，一类是将钗簪之首做成摇颤的花枝，是继承隋唐以来的古典样式。另一类是宋朝的新式步摇，钗簪造型略如弯月，下边也可以衔坠，名为博鬓，一般的佩戴方式是左右各一枝，左右对称，皇后的凤冠上常有三对博鬓。

① 博鬓
② 皇后凤冠上的博鬓　宋，佚名绘《宋仁宗后坐像》局部
③ 皇后凤冠上的博鬓　宋，佚名绘《宋神宗后坐像》局部

3. 帘梳

　　宋朝不仅沿用了唐朝的"梳篦"，还在其基础上新创了帘梳。帘梳是梳篦和步摇的结合体，佩戴时梳齿插于发髻，花网自然披垂如帘，行走间极具灵动之美。

▶ 金帘梳　参考上饶市博物馆藏南宋双龙戏珠镂空金帘梳绘制

四、宋朝女子的腰饰

1. 祈福吉祥寓意——裙带、香缨

宋朝女子常以腰带束裙，时人美称为"裙带""香罗带"。宋朝陈允平在《夜游宫·窄索楼儿傍水》中有词句云："香罗带、翠闲金坠。"

裙带大多以布帛制成，有同心带、合欢带、鸳鸯带等样式，深受年轻女子喜爱，甚至常被女子用作定情信物，象征成双成对、永不分离。此外，宋朝女子还可以用裙带求文人墨客题诗，《宋稗类钞》中记载文人在裙带上题诗词的场景："王岐公在翰林时……上悦甚，令左右宫嫔各取领巾裙带，或团扇手帕求诗。"在《蕉阴击球图》与《荷亭婴戏图》中均能看到在衣裙间的细长裙带，前者的白色裙带末端还缀有红色的珠子装饰。

香缨，是女子出嫁时系缚在衣襟或腰间的彩色带子，用五色丝线编织，上面通常还系有香囊等物。通常由长辈为女子系结，以示身有所系。

① 白色裙带，末端缀有红色珠饰
  宋，佚名绘《蕉阴击球图》局部
② 斑点裙带
  宋，佚名绘《荷亭婴戏图》局部

2. 仪态管理神器——环佩、宫绦

环佩是古代系在裙带上的一种饰品。将不同形状的环佩，以彩线穿起来组合成一串系在腰间，称为"禁步"。禁步最初用于压住裙摆。佩戴行步之时，发出的声音缓急有度，轻重得当，能够显示端庄优雅的仪态。如果节奏杂乱，会被认为是失礼的表现。所以禁步不仅起到了装饰和压住裙摆的作用，更多的是用来约束女子的步行速度和举止。宋朝常见的禁步是玉制的圆环饰物，也叫"玉环绶"，可以佩戴一条在裙摆中间，也可以在腰部两侧佩戴。

宫绦也是系在腰间的悬挂饰物，多为长的彩色线绳，来回缠绕于腰间，两端系有玉佩、金饰、流苏等饰物，借以压住裙摆，使其不致散开影响美观。

① 在裙正中佩戴的环佩
  山西太原晋祠圣母殿彩塑
② 绦带
  宋，佚名绘《宫沼纳凉图》局部

3. 好看又实用——香囊、荷包

除此以外，古代女子还会在腰间佩挂香囊、荷包等挂饰，兼具实用性与装饰性。

香囊是一种贮放香料的布袋，有的也用金、银制成，一般佩戴在腰际及胸襟，也有放在袖子里的，不仅散发香气，怡人醒脑，而且能驱虫防病。

荷包，也叫绣囊，它的功能与现在的口袋相同，用来贮放随身用的手巾、钱币等物品，一般佩挂于腰际。荷包上常刺绣有精美的图案，不仅美观，而且具有吉祥寓意。

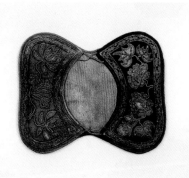

▲ 褐色罗地贴绣牡丹莲花纹荷包
常州周塘桥南宋墓出土

▲ 宋朝鎏金银香囊
南京大报恩寺遗址出土

小贴士 **穿汉服时，一定要梳古代的发型吗？**

不是必需。纵观汉服的历代演变，每个朝代不仅延续前朝的服制，而且会发展出独特的时代特征。汉服的当代传承也要考虑符合现代人的生活习惯、行为模式，融入现代生活场景，才能生生不息地发扬下去。◈

场景五　给爱妻的开芳宴

今日上巳节，我准备给良人（宋朝夫妻互称"良人"）办一个"开芳宴"，这是我们大宋专门秀恩爱的家宴。

宴会伊始，良人款款走来，装扮得体，端庄娴雅。她梳着云尖巧额，挽高髻，饰金球簪，戴花丝嵌宝金耳坠。上身着花绫抹胸、对襟窄袖衫，束龟背纹曳地罗裙。着飞霞妆，面如桃花，胭脂点涂半唇，峨眉细长，娇俏秀气。

夫妻相对，浅酌共饮，观堂前歌舞。两盏茶后，天气转凉，遂让丫鬟拿来那件天碧色蝶恋花纹半袖衫子给良人穿上。月落中庭，琴瑟和鸣，愈发爱吾妻，爱此良夜。

▲　河南省登封市宋墓壁画局部

与北宋初期常见的"裙掩衣"的穿着方式相比，北宋中后期则常见"衣掩裙"的衫裙穿搭方式。衫裙组合的穿着人群更加广泛，上至名媛贵族，下至农妇侍女，都可以穿着。

一、宋朝的"衫"

"簟（diàn）纹衫色娇黄浅""青衫透玉肌""揉蓝衫子杏黄裙""来看红衫百子图""翠罗衫上，点点红无数"……从这些宋词中，不仅可以感受到宋朝女子喜爱穿"衫"的风尚，而且可得知她们所穿衫子的颜色：淡黄、青、蓝、大红、翠绿等。

衫，单层不用衬里，直领对襟，两侧开衩，袖口有宽有窄。宋朝女子的衫，以纱、罗等轻薄面料为主，内穿的衫叫"中单""汗衫"，外穿的衫根据袖型的不同，有广袖衫、直袖衫、窄袖衫、半袖衫，前文所讲的大袖衫即为广袖样式。

1. 直袖衫

直袖衫，即袖子宽窄从肩部到腕部没有明显变化，呈直筒状的衫。这类袖型相对宽松，但与广袖相比有所收窄，更加注重实用性与便捷性。

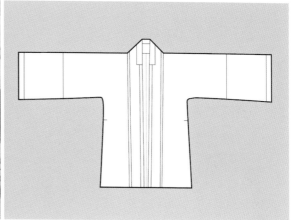

▲ 直袖衫
宋，刘松年绘《博古图》局部

▲ 直袖衫形制示意图
参考福州南宋黄昇墓出土实物绘制

2. 窄袖衫

宋朝常见的窄袖衫主要有两种样式，一种流行于北宋时期，是一种袖型从肩膀向手腕逐渐收窄的对襟衫，因为袖型颇像飞机机翼，所以现代俗称"飞机袖"。另外一种窄袖衫流行于南宋时期，从肩膀至手腕的袖型较"飞机袖"进一步收窄，更加强化"便身利事"的特征，《招凉仕女图》等绘画作品中的女子服饰多为这种窄袖样式。

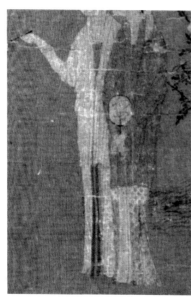
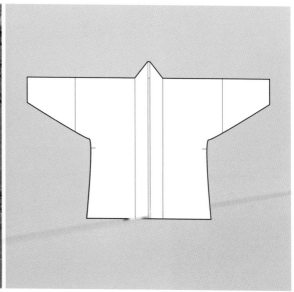

▲ 窄袖衫
宋末元初，钱选绘《招凉仕女图》局部

▲ 飞机袖形制示意图
根据安徽芜湖北宋铁拐墓实物绘制

3. 半袖衫

半袖，为半截袖子的上衣，也称"半臂"。目前宋朝半臂的出土实物是来自南京长干寺地宫的泥金花卉飞鸟罗半臂，因此半袖褙子也俗称为"长干寺褙子"。这件半臂为对襟直领，两侧开衩，其身长和开衩与褙子类似。

宋朝着半臂之普及可从"半臂忍寒"的故事中略知一二，《东轩笔录》卷十五载："宋子京博学能文章……尝宴于锦江，偶微寒，命取半臂……竟不敢服，忍冷而归。"宋朝王沂孙的词《一萼红》中写道："罗带同心，泥金半臂，花畔低唱轻斟。"可见，半臂是宋朝男女老少都穿着的常见服饰。

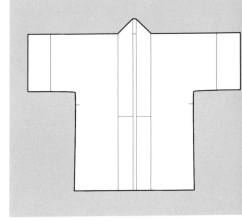

▲ 半袖衫形制示意图
根据南京长干寺地宫的泥金花卉飞鸟罗半臂绘制

💭 二、宋朝的流行妆容

宋朝的妆容整体清丽淡雅，眉以细长为主，美称为"远山黛"。虽然用色清淡，但宋朝的"美妆博主们"在妆饰上极为讲究，又富有创新精神，创造出多种独具大宋特色的摩登妆容。

1. 妆容类型

飞霞妆：先涂胭脂后敷粉，妆容白里透红。

慵懒妆：薄施朱粉，浅画双眉，两鬓薄而蓬松，有慵懒倦怠之态。

檀晕妆：先用铅粉打底，再敷檀粉（铅粉和胭脂调和而成），薄染面中或眉下，颜色微红，逐渐向四周晕开。

梅花妆：在额头贴梅花形状的花钿。在宋朝，面靥依然很流行，除了花朵形状，宋朝还流行珍珠、鱼媚子等面靥。

泪妆：用粉点染眼角，似有泪痕。

三白妆：额头、下巴、鼻梁三处着重涂白，与现代妆容的高光异曲同工。

珍珠妆：在两鬓、脸颊或眉间饰以珍珠。

▲ 飞霞妆 + 点半唇

▲ 慵懒妆

▲ 檀晕妆

▲ 梅花妆

▲ 泪妆

▲ 三白妆

▲ 珍珠妆

窄袖衫裙的穿搭展示

淡黄衫子郁金裙。长忆个人人。

——宋，柳永《少年游·十之五·林钟商》

▶ 北宋窄袖衫＋百褶裙穿搭

● **西江月的今日穿搭：**

栀子黄素罗抹胸＋淡黄窄袖短衫＋
蝴蝶刺绣郁金裙＋海棠形水晶环
佩绦带

● **发型配饰：**

云尖巧额团髻＋长脚金球簪＋
银鎏金折股钗＋红丝缯发带＋
月牙形金耳环

● **妆容：**

飞霞妆＋点半唇

天碧染衣巾。血色轻罗碎摺裙。

——宋，张先《南乡子·送客过余溪》

● **西江月的今日穿搭：**

藕荷色抹胸＋天水碧素罗窄袖衫＋龟
背纹提花罗褶裙＋蝶恋花纹天水碧半
袖衫＋白玉环佩绦带＋天水碧罗鞋

● **发型配饰：**

云尖巧额团髻＋白角团冠＋红丝缯发
带＋花丝嵌宝耳坠

耳饰参考洛阳邙山宋墓文物绘制

● **妆容：**

飞霞妆＋点半唇

◀ 窄袖衫＋半袖衫＋百褶裙穿搭

2. 化妆工具

现代女生的化妆工具可谓是五花八门、琳琅满目，那么宋朝的小姐姐们能用到哪些化妆工具呢？

（1）妆奁。

妆奁是古代女子的梳妆台，一般的结构是上方为镜台，下方有数个小抽屉，放置胭脂、妆粉、眉笔等化妆工具。秦汉时期的妆奁多为漆器，而且是名门仕女才能拥有的。经过唐宋的演变发展，妆奁开始进入平民社会，人们不仅追求妆奁精巧的造型，而且更加注重它的实用性。

▲ 妆奁与镜架　宋，佚名绘《盥手观花图》局部

（2）铜镜。

大家是否也曾有这样的疑问：铜镜真的能把人照清楚吗？其实古代的磨镜技术远比我们想象的高超，一面制作精良的铜镜可以清晰地照出人像。此外，铜镜的形状与大小也很多样，除了常见的圆形，还有方形、六边形、八边形等不同形状，小的铜镜可以拿在手里，大的可以放在梳妆台或用架子支起来使用。

▲ 宋有铭素面纹方铜镜

（3）粉盒。

汉代多以带彩绘纹饰的漆奁、漆盒盛放脂粉，隋唐以后则出现了瓷质的粉盒，存世的宋朝粉盒实物尤以青瓷质地的居多。这些粉盒形制多样，造型精美。粉盒不仅是一件实用的器皿，它本身更像是精美的陈设物件。打开盒盖，粉盒内更是别有洞天，例如下图这件北宋湖田窑缠枝丹纹青白釉堆塑粉盒，造型独特，工艺精湛。另外，南宋官窑博物馆在2017 年"中成堂藏宋朝器物展"上展出过一件瓜棱形金香盒，十分华美。

这些精巧的粉盒，不仅蕴含着匠心，而且是宋朝生活风尚以及女子审美品位的映射。

① 北宋湖田窑缠枝牡丹纹青白釉堆塑粉盒
② 宋景德镇窑青白瓷菊瓣盒
③ 南宋瓜棱形金香盒　2017 年南宋官窑博物馆"中成堂藏宋朝器物展"展出

（4）粉扑。

现代女生使用粉扑、粉刷上底妆，其实早在宋朝就出现了粉扑。周密《浩然斋雅谈》载姚翻《咏美人》诗云"还将粉中絮，拥泪不教垂"，这里的"粉中絮"就是现在的粉扑，也有文人墨客雅称它为"香绵"。福州南宋黄昇墓中出土了粉扑实物，背面还有精致的花纹。

3. 化妆用品

（1）粉底。

化妆需要先打粉底。古人所用的粉底主要有米粉和铅粉两种，实际使用时，会在米粉、铅粉的基础上，加入蚌粉、豆粉、草药以及花汁等各种原料调和配制。

（2）粉饼。

南宋黄昇墓出土的漆奁内有二十块粉饼，有圆形、四边形、六边形，印有水仙、牡丹、菊花、梅花、兰花等四季花卉图案。

（3）胭脂。

胭脂也是宋朝女子妆奁内必不可少的化妆品。由于当时对胭脂的需求量很大，还出现了胭脂专卖店，甚至还诞生了"驰名商标"。《梦粱录》的"铺席"条记录了一批"杭城市肆名家"，其中就有"修义坊北张古老胭脂铺"与"染红王家胭脂铺"。

（4）画眉墨。

宋朝女性画眉流行使用一种烟墨，是人工配制的化妆品。南宋陈元靓在《事林广记后集》中还记载了烟墨的制作方法："真麻油一盏，多着灯心搓紧，将油盏置器水中焚之，覆以小器，令烟凝上，随得扫下。预于三日前，用脑麝别浸少油，倾入烟内调匀，其墨可逾漆。一法旋剪麻油灯花，用尤佳。"手工爱好者们可以试试用这个法子，看看是否能成功做出宋式画眉墨。

（5）口红。

在所有化妆品里，最提升气色的非口红莫属，宋朝女子的妆奁内也少不了口红。"宝奁常见晓妆时，面药香融傅口脂"，这句宋词里的"口脂"便指口红。宋朝的口脂不仅有膏状，而且有类似今天口红的管状，以蜂蜡、紫草、朱砂、香料等为原料，用小竹筒为模具，制作出来的口脂为圆柱状，装入圆筒之内，便可以使用了。

（6）香水。

宋朝女子不仅能够用上国产香水——蔷薇水，名门贵族的大小姐还能用上来自大食国（即阿拉伯帝国）的进口蔷薇水。此外，宋人用一种叫作"朱栾"的花，再加上其他香料，高温蒸馏，取其蒸馏液用瓷器密封，也很有大宋特色。

（7）染甲液。

大家小时候有没有用凤仙花染过指甲？这种染甲方法可不是现代人的发明，早在南宋周密的《癸辛杂识续集》中就记载了这种染甲方法。将凤仙花捣碎加明矾，敷在指甲上，然后用布包裹，反复染几次，颜色会更深，是不是和记忆中凤仙花染指甲的方法一模一样呢？

三、宋朝发冠知多少

这里的发冠为女子日常佩戴的便冠，不包括重大礼仪场合的"礼冠"。从材料上分，宋朝的便冠有金银冠、角冠、鱼枕冠、玳瑁冠、水晶冠、鹿胎冠等，其中白角冠最为常见。在宋朝诗词的描述中，便冠造型多样，有体长头尖的"柘枝冠"、云彩形状的"朵云冠"、如意形状的"如意冠"、小巧的"绣草冠"、枕头形状的"堆枕冠"、后妃们佩戴的"缕金云月冠"等。根据常见便冠的造型及其装饰方式，可将其分成团冠、垂肩冠、花冠三大类，此外还有重楼子冠等被宋人定义为"服妖"的奇装异服的少见冠式。

1. 团冠

团冠大体造型呈现团形，包括圆形、椭圆形、扁圆形等近似团形的冠式，也称为圆冠。团冠多用白角、金银、水晶等材质制作而成，冠上可以镶嵌珍珠或用鎏金工艺进行图案装饰，装缀珍珠的团冠也称"珠冠"。团冠前后用笄或簪子固定，冠笄样式简单，形似一根"长钉子"，冠簪簪首常有不同造型的装饰，在宋朝文字及图像资料里常见的冠簪有金球簪、松塔簪、玉龙簪等。

团冠中的山口冠也是一种常见的冠式，多高耸，呈现中间低、两侧高的造型样式。钱选《招凉仕女图》中左侧的女子头戴半透明的水晶山口冠，水晶透明轻盈，给人清凉之感，最宜夏季佩戴。

▶ 南宋金冠
安徽省安庆棋盘山宋墓出土

▲ 白角团冠

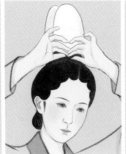
▲ 山口冠

▲ 水晶团冠

▲ 缕金银团冠

2. 垂肩冠

垂肩冠兴起于北宋中期，梅尧臣《当世家观画》中有写道："曲眉浅脸鸦发盘，白角莹薄垂肩冠"。垂肩冠是宋朝最独特的冠饰，其形制"两翼抱面，下垂及肩"（《梦溪笔谈·器用》），也叫"等肩冠""亸（duǒ）肩冠"。

垂肩冠是从团冠发展而来的，在团冠的基础上，把伸长的地方四角弯曲而下垂至肩，冠上用金银珠翠、花朵点缀，如《大宋宣和遗事》记载："佳人却是戴亸肩冠儿，插禁苑瑶花"。这种冠饰体量较大，装饰华贵，多流行于中上阶层的女子群体。在山西省阳泉市平定县城关镇姜家沟村北宋墓壁画《伎乐图》中，还有一种"片状"的垂肩冠，极似梅尧臣所写的"白角莹薄垂肩冠"。

此外，北宋学者王得臣在《麈史·礼仪》中记述"又以亸肩直其角而短，谓之短冠"，垂肩冠的四角变直、变短，就是另一种冠式——短冠。

① 戴垂肩冠和短冠的仕女　山东淄博窑金三彩人物俑
② 簪花垂肩冠
③ 戴短冠的妇人　山西省运城市临猗县原诸葛武侯祠宋墓砖雕

3. 花冠

　　广义的花冠具有两层含义，一是指用花装饰的发冠，各式团冠、垂肩冠、短冠等均可用花叠加装饰。除了鲜花，在宋朝还流行用布帛、金银珠翠、通草等做成仿生花进行装饰。二是指冠体为花朵造型的冠，花样繁多，制作精巧，常见的有牡丹花冠、莲花冠、杏花冠等。这类花冠整体轮廓呈现团状，具有团冠的造型特征。

① 用仿生花装饰的软冠　五代，佚名绘《浣月图》局部
② 莲花冠　宋，佚名绘《却坐图》局部
③ 铺翠花冠

4. 两宋冠式对比

　　对比两宋绢本画、壁画中戴冠的女子形象，可以总结出两宋冠式与戴法的不同。北宋流行冠式偏高、偏大且敞口，多戴于头顶。南宋冠式多为相对较小的扁圆样式，顶部封口，戴的位置偏向脑后。同服饰风格一样，两宋冠式的体量、造型也从"宽博奔放"向"婉约清丽"转变。

> **小贴士**　穿汉服时，一定要遵守传统的搭配方式吗?
>
> 　　古代礼制条条框框的规定较多，对女子的约束更甚，但是在现代社会，我们可以按照自己的个性和方式搭配汉服。汉服可以和现代服装搭配，不同朝代的汉服单品也可以混搭，得体即可。当然，如果是在文化展示、讲解的场合，应该力求准确地表达真实的历史与传统。　◈

场景六 后庭消夏时

夏日炎炎，热得人心神恍惚，直至日落西山，方消了些暑热。

曹娘子行至后庭中，吩咐阿奴备水给小皇子沐浴。曹娘子高挽鬟髻，簪珠钗，插缠枝牡丹纹玉梳，薄扫胭脂，浅画峨眉。上穿泥金白纱罗对襟衫，束菱格花草纹百迭裙，清凉透气，最是酷热天气的消暑装扮。

▲ 宋，刘松年绘《宫女图》局部

《宫女图》中的仕女上穿泥金白纱衫，下穿裙，且衫在裙外，呈现"衫掩裙"的穿着方式。南宋时期的衫裙较北宋时期更为修身，袖形更加窄瘦，从宋朝传世画作中得以窥见。透过半透明的纱罗，图中仕女手臂线条和内搭的衣服隐现。这件"内衣"呈现交领无袖的样式，具体形制暂不可考。那么，从目前已出土的宋朝服饰来看，宋朝女子的"内衣"有哪些呢？

一、宋朝女子的内衣

1. 抹胸

亵衣即内衣，是贴身内衣的统称。宋朝以前，亵衣有多种具体名称，如汗衣、汗衫、汗襦、心衣、袙（pà）腹、宝袜等。宋朝出现了抹胸，又称抹肚。抹胸穿着后，上可覆乳，下可遮肚，整个胸腹全被掩住，用带子系结，可为单层，也可双层或夹绵。

目前出土的抹胸实物有两种。其中一种具有代表性的是南京花山宋墓出土的抹胸，呈长方形，两边系绳，为绢质，轻薄坚韧，表面光泽柔和。

另外一种具有代表性的是福州南宋黄昇墓出土的抹胸，表里均为素绢，絮以丝绵。从图片可以看出这种短小的抹胸呈"前胸单片式结构"，在抹胸的上端及腰间各缀有带，以便系扎。

▲ 围裹式女子抹胸形制示意图
根据南京花山宋墓出土抹胸绘制

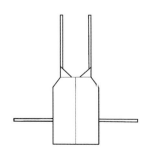

▲ 抹胸形制示意图
根据福州南宋黄昇墓出土抹胸绘制

2. 裹肚

裹肚用于包裹住腹部，形制与抹胸类似，但比抹胸长。裹肚着重于包裹住肚子，故名"裹肚"，可以穿在裤子的里面，也可以穿在裤子外面，类似于当今的束腹带。

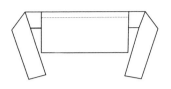

▲ 裹肚形制示意图

夏季穿衣层次的穿搭展示

● **层次 1：**

素罗抹胸 + 白绢裈 + 靸鞋

靸鞋形制暂无考证，图中为推测绘制

● **层次 2：**

层次 1 + 彩绘山茶花揉蓝衫 + 白绢袴 + 弓鞋

● **层次 3：**

层次 2 + 蔷薇提花杏黄旋裙

揉蓝衫子杏黄裙，
独倚玉阑无语点檀唇。

——宋，秦观《南歌子·香墨弯弯画》

● **西江月的今日穿搭（层次4）：**

素罗抹胸＋彩绘山茶花揉蓝衫＋芙
蓉纹纱罗背心＋蔷薇提花杏黄旋裙＋
弓鞋

● **发型配饰：**

双髻＋金帘梳＋灵芝纹水晶簪＋金
摩羯耳坠

● **妆容：**

慵懒妆

▲ 夏季穿衣层次展示

参考福州南宋黄昇墓相关服饰推测绘制

抹
胸
的
夏
季
穿
搭
展
示

似佳人、素罗裙在，碧罗衫底。

——宋，葛长庚《贺新郎·咏牡丹》

● **西江月的今日穿搭：**

枣红抹胸＋彩绘描金花草缘边白
罗衫＋菱格花草纹百迭裙

下裙纹样根据宋刘松年绘《宫女图》
推测绘制

● **发型配饰：**

小盘髻＋缠枝牡丹纹青玉插梳＋
缀珠金帘梳＋长叶形金耳坠

● **妆容：**

慵懒妆

◀

抹
胸
与
直
袖
衫
裙
的
穿
搭

二、背心——夏季的清凉穿搭

　　除了穿面料轻薄的衫，宋朝女子在夏季还可以穿清凉的背心消暑。"背心"是一种无袖的衣服，两肩处开口很大，只能包裹覆盖住胸前和胸后，贴身而穿。背心由"裲裆"发展而来，成为宋朝女性衣橱里的常见衣式，既可以穿在里面用来保暖，又可以叠穿在外面。

　　福州南宋黄昇墓出土了八件背心，质地有花罗、素罗、绢、绉纱等，其中一件为夹背心。夏季的背心为单层，清凉透气；秋冬款背心为双层或夹绵款，可以内穿或罩在外面，既可以防寒保暖，又便于行动，还为服饰搭配增加了层次感。

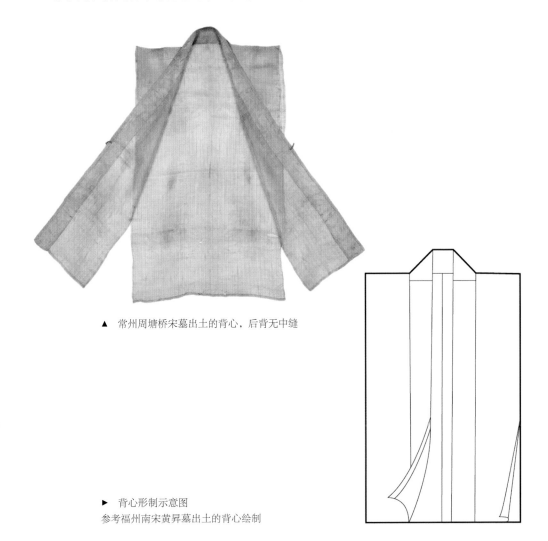

▲　常州周塘桥宋墓出土的背心，后背无中缝

▶　背心形制示意图
参考福州南宋黄昇墓出土的背心绘制

束花金钏约柔荑。昔曾携。事难期。

——宋，秦观《江城子·三之三》

▶ 背心+裙的夏季穿搭
参考福州南宋黄昇墓出土相关服饰推测绘制

● 西江月的今日穿搭：

琥珀色抹胸＋芙蓉梅花纹纱罗背
心＋菱格花草纹百迭裙

下裙纹样根据宋刘松年绘《宫女图》
推测绘制

● 发型配饰：

小盘髻＋琉璃花瓶簪＋石榴花＋
金臂钏＋月牙形金耳环

● 妆容：

慵懒妆

三、宋朝服饰的装饰工艺

宋画中很多仕女身穿白衫，轻盈的纱罗面料上点缀着耀眼的"金泥"，这是备受宋朝女子偏爱的"销金为饰"的工艺。除此以外，还有刺绣、彩绘、彩绘与印金相结合、装缀珍珠等装饰方式。

1. 饰金

饰金，即"以金为饰"。《宋史·舆服志》记载的宋朝女服禁奢令有一半是关于禁金的，侧面体现出宋朝贵族妇女的奢侈生活以及"靡金以饰服"的风尚。

如《宋史》记载，大中祥符八年（1015）官方曾下诏规定："内庭自中宫以下，并不得销金、贴金、间金、戗（yǎn）金、圈金、解金、剔金、陷金、明金、泥金、楞金、背影金、盘金、织金、金线捻丝，装著衣服，并不得以金为饰。"

禁金的诏令也呈现出宋朝多样的加金工艺，有销金、贴金、间金、戗金等十几种，多用来装饰衣领、袖口等部位的花边纹样。"黄罗银泥裙""织金短衫""销金大袖""黄罗销金裙""步缕金鞋小""销金罗帕"……从这些文献、诗词等资料中可以看出，在宋朝，衫、裙、鞋袜、手帕等均可加金装饰。

▲ 织金　　　　　　　　　▲ 彩绘描金与印金

2. 刺绣

刺绣也是南宋女子服饰花边中的一项重要工艺，其针法形式多样，所用丝线多数为褐色、黄色，少数为棕色。绣工采用不同针法技艺将其巧妙组合，擅用不同色线，使绣纹准确清晰、真实生动。

▲ 刺绣　　　　　　　　　▲ 缕金刺绣霞帔

3. 彩绘

　　宋朝彩绘工艺先用淡色绘出图案底纹，然后在其上逐笔描绘花叶的形状，再敷上彩色，最后用浓笔勾勒出花形的轮廓。此外，宋人还将印金与彩绘工艺相结合，在印金纹式轮廓线条里，填敷各种颜色，尤显绚丽多彩。

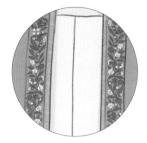

▲　彩绘

4. 缀珠

　　衣服装缀珍珠，也是宋朝女子钟爱的装饰方式，衣服、裙子、鞋子上都出现了加珍珠的装饰方式。在传世的宋朝皇后画像里，能看到衣服、霞帔、鞋子上都有珍珠的装饰。"雪里珠衣寒未动""珠裙褶褶轻垂地""锦袜著珠鞋"……从这些宋词里，也能感受到大宋女子真的是"珍珠迷"呀。

▲　缀珠

5. 印花

　　宋朝雕版印刷技艺的发达，也促进了印染纺织业的发展与创新。在宋朝，用版雕制成纹饰再印到布料上的装饰方法极为流行，甚至出现了专门从事这一行业的雕刻工匠。印花工艺具体可分为凸纹印花、镂空印花、泥金印花、贴金印花和洒金印花五种，后面三种是印花与销金工艺结合的装饰形式。

▲　印花

小贴士　宋朝的背心，可以单独穿吗？

　　可以，虽然抹胸＋背心的穿着方式很可能只是宋朝女子的"闺房装扮"，但是现代的女孩不再受那么多约束，炎炎夏日，可以将背心与抹胸单穿，清凉又透气。

场景七 举杯邀明月

恰逢中秋，皓月当空，遂约两位娘子一同登瑶台赏月饮酒，莫不清闲自在。

雕栏玉砌，月色朗朗。两位娘子梳妆穿衣颇有默契，皆穿纱罗抹胸、熟白纱裆裤，外罩直领对襟窄袖褙子。看那位正在品茗的宋娘子，腰间还系着描金缀珠香罗带，面妆清透，浅笑嫣然，尤显身量纤秀，亭亭玉立。

清风徐来，举杯邀月，笑语盈盈，人生几何？

▲ 河南省登封市宋墓壁画局部

北宋时期，女子裤装多作为衬裤，穿在裙内。南宋时期，女子着装出现了裤装外穿的现象，衫与裤的搭配组合逐渐开始流行。

一、褙子——宋朝典型服饰

1. 女子褙子的形制与面料

（1）形制特征。

褙子，亦写作"背子""背儿"或"背"。关于"褙子"名称的起源有这样一种说法，据《朱子语类》记述，婢妾"行直于主母之背"，所以将她们穿着的服装称为"背子"，也就是说褙子起初仅作为婢妾服饰而存在。

褙子是一种最具宋朝特色的服饰，男女都可穿着。宋朝女子的褙子主要为直领对襟，前襟大多不施襻纽（江西德安周氏墓出土的一件褙子前襟有纽襻），衣身两侧开长衩，袖口有宽有窄，领和袖常用不同颜色的织物做缘边，衣长不等，有长度齐膝的，也有长及膝下或与裙齐的。

（2）面料与纹饰。

从宋墓出土的褙子实物来看，褙子常用面料为罗、纱，其次有绢、绮等。纹饰一般有两种体现方式：一是作为织造图案出现在其面料本身，二是用刺绣、印花、彩绘等工艺装饰在领抹及下摆等缘边处。宋朝褙子纹饰的题材丰富多样，以缠枝花最为常见，缘饰色彩常常比衣身色彩丰富鲜丽，是褙子制作与装饰工艺精细度的集中体现。

褙子的穿搭展示

映花避月上行廊，珠裙褶褶轻垂地。

——宋，张先《踏莎行·中吕宫》

► 流行于南宋的窄袖长褙子＋三裥裙搭配

● 西江月的今日穿搭：

月白抹胸＋生色花青罗褙子＋
菱格花草纹缀珠三裥裙

● 发型配饰：

大髻方额＋扁圆水晶冠＋珍珠
插梳＋U形钗＋水晶瓜形耳坠＋
金连戒

● 妆容：

泪妆

2. 褙子的袖型

从出土的实物来看，宋朝褙子的袖型主要有两种。一种是袖宽从肩部至腕部微微变宽，袖根与袖口近乎等宽的"直袖褙子"，如福州南宋黄昇墓出土的紫灰色绉纱镶花边褙子；一种是从肩部至腕部明显收窄的"窄袖褙子"，如江西德安周氏墓出土的褐色罗褙子。不同的袖型应与主人所处的气候环境以及个人审美等因素有关。

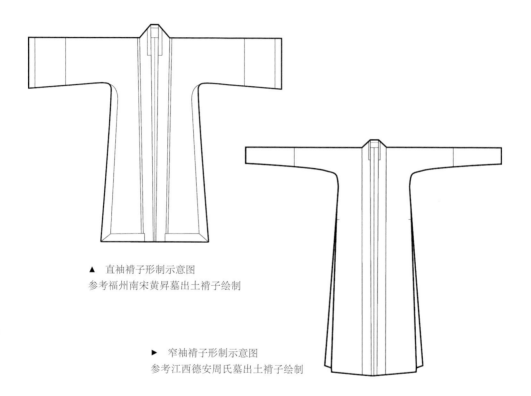

▲ 直袖褙子形制示意图
参考福州南宋黄昇墓出土褙子绘制

▶ 窄袖褙子形制示意图
参考江西德安周氏墓出土褙子绘制

3. 褙子的长度

关于褙子的长度，目前主要有两种观点：一种认为"褙子"就是及地的，不及地的为"衫"，不叫"褙子"；另一种认为"褙子"的长度有多种，中上阶层女子所穿褙子长度及膝或与裙齐平，劳动阶层女子所穿褙子多长至膝盖以上，有的短至腰臀间。

宋朝程大昌《演繁露·褐裘肯子道服襦裙》记载："长背子古无之，或云近出宣、政间"，由此可见，长褙子是在北宋后期的政和、宣和年间才出现。黄能馥《中国服饰史》中提到："宋朝女子所穿褙子，初期短小，后来加长，发展为袖大于衫、长与裙齐的标准格式。"由此可见，褙子的长度在两宋的三百多年间也是在不断变化的。在宋朝两个不同版本的《中兴瑞应图》中，对同一场景的刻画，人物所穿褙子长度亦有不同，推测应为不同时期完成。

　　虽然两宋期间褙子的长度并不固定，但褙子既然可以作为宋朝平民女子出席正式场合的小礼服，其长度就应该比日常的"短衫"要长。因此，综合关于"褙子"的史料描述以及宋画等图像资料，笔者认为，宋朝女子所穿的直领对襟褙子的长度应该是在从膝盖上下至与裙齐长这样一个区间。褙子作为一种罩衫，类似现在"风衣"的概念，其长度不是固定的，身份地位越高、出席的场合越正式，所穿褙子就应该越长。

① 北宋后期的长褙子　太原晋祠圣母殿彩塑
② 及地长褙子　宋，佚名绘《歌乐图》局部

4. 女子褙子的穿用场合

　　从北宋至南宋中后期，褙子的风格由宽松逐渐向"便身利事"的窄瘦风格转变，逐渐成为各个阶层女性都可穿用的服式。抹胸、长裙、褙子的着装方式逐渐取代了身穿襦裙、外搭披帛的着装方式，成为南宋女子特有的典型装束。

　　对于中上层女性来说，褙子是日常的便服，在赏月、遛娃、乘凉、对弈等休闲场合穿着。对于市井或劳动阶层女性来说，褙子是出席婚礼、冠笄礼、家祭等正式场合的"小礼服"。据朱熹《朱子家礼》记述，在参与冠笄礼时，未出嫁的女子要穿褙子、戴发冠，妾室要戴假髻、穿褙子。由此可见，对于普通阶层的女子来说，褙子、长裙是具有礼服属性的正式装束。

5. 褙子上的"飘带"

　　在江西德安南宋周氏墓出土的服饰中，有一件褙子领抹中间靠上的位置有一对"飘带"。在南宋李嵩的《骷髅幻戏图》中，有一女子的领抹上亦有类似的"飘带"。这对"飘带"不仅可以系结衣襟，而且可以直接垂下，起到装饰作用。

🌀 二、宋朝的裤装

宋朝的裤装主要有三类：一类是只能内穿的"打底裤"，如裈（kūn）、袴（kù）；一类是既可以内穿，又可以外穿的合裆裤——裆；还有一类是用来御寒的裤装，如套裤。

1. 裈——贴身的内裤

裈，是合裆的裤子，较短，男女均可穿着，是最贴身的裤装，相当于现代的内裤。

▲ 并蒂莲罗纹裈　南京高淳花山乡宋墓出土

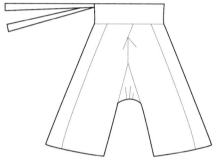

▲ 裈形制示意图

2. 袴——打底的开裆裤

袴，是一种开裆裤，用来打底或保暖。从五代词人顾敻（xiòng）的这句"瑟瑟罗裙金线缕，轻透鹅黄香画袴"也可以看出，袴是穿在裙子底下的。在出土的宋朝服饰实物中，开裆裤较为常见。黄昇墓中的烟色牡丹花罗开裆裤，裤腰明显缩窄，裤长减短，裤口宽大，裤裆提高，前后裤裆有重叠的部分，后腰不相连，用绳带系缚，裤片左右不对称。

▲ 袴形制示意图
根据南京高淳花山乡宋墓出土的袴绘制

3. 裆——可以外穿的合裆裤

在《瑶台步月图》中，我们可以看出侍女们下身穿的不再是常见的裙装，而是裤装。这种外穿的裤装叫裆，是一种可以外穿也可以内穿的裤装。

随着椅子、凳子等家具逐渐普及，宋人一改席地而坐的习俗，开始垂足而坐，坐姿的改变，使下裳的穿着习惯也发生了变化。南宋耐得翁在《都城纪胜》中记述了宋朝女子乘骑活动的三种等级装束："一等特髻大衣者，二等冠子褙子者，三等冠子衫子裆裤者。"可见，南宋时已经出现了衫与裆裤的穿着方式。

南宋文字学家戴侗所作《六书故》提到："裆，穷袴也。今以袴有当而旁开者为裆。"由此可见，"裆"是有裆且两侧开衩的裤装。这种结构特征通过黄昇墓出土的实物也能验证，此裤窄裤腰，宽裤口，裤裆由长方形面料与裤腿内侧相接缝制而成，两侧分别有开缝，裤的左右外侧被整条中缝开成两片，在开衩处做出变化丰富的活褶，设计巧妙，形似裤子又似裙子。在南宋佚名画作《蕉阴击球图》与《荷亭婴戏图》中都能看到身穿褙子、裆裤的女性形象。

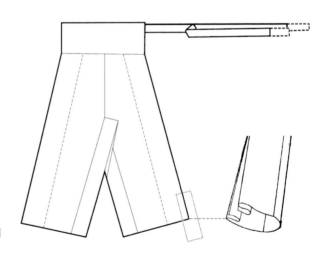

▶ 裆形制示意图
根据福州南宋黄昇墓出土实物绘制

4. 套裤——保暖的无裆裤

套裤是只有左、右裤管，而没有裤裆、裤腰的裤装。穿着时用系带将两裤管系结在裤带上，多加套在合裆裤外穿着，主要用来御寒。从已出土的宋朝服饰实物来看，男女均可穿用套裤，统治阶级和富家成年男女皆有穿着套裤的习惯。

独自帘儿底。香罗带、翠闲金坠。

——宋，陈允平《夜游宫·窄索楼儿傍水》

▲

裙子与裆裤外穿的搭配

● **西江月的今日穿搭：**

妃红色抹胸＋天青色绉纱褙子＋浅藕荷色裆裤＋描金缀珠香罗带

● **发型配饰：**

天青绡包髻＋红丝缯发带＋红玛瑙手串

☁ 三、宋朝女子的鞋袜

　　将《瑶台步月图》放大了看，我们可以发现一位仕女裙子底边露出的红色弓鞋，鞋尖上翘，非常娇小。那么，宋朝女子的鞋子都有哪些款式呢？

1. 缠足的源起

　　说到宋朝女子的鞋子，首先绕不开的一个话题就是"缠足"。缠足，即把女子的双脚用布帛紧紧扎裹起来，使其骨骼扭曲变形，最终变得又小又尖。关于缠足的起源，众说纷纭，比较被认可的说法是起源于南唐后主李煜的宫嫔窅（yǎo）娘。李煜喜欢乐舞，他令宫嫔窅娘用帛缠足，将脚缠小，弯曲如新月妆及弓形，并在六尺高的莲花台上跳舞，开创了中国历史上妇女裹足的先例。这种小脚被称"金莲"。

　　以缠足为美、为贵、为娇的观念在北宋初仍然存在，至北宋中晚期，缠足在贵族妇女中已较普遍，但此时缠足的习俗只流行于中上社会阶层的女子，下层妇女因要劳动耕作而不缠足。《宋史》记载南宋理宗朝宫人"束足纤直，名'快上马'"，由此可见，宋朝缠足的偏好是把脚裹得窄直纤细，与后来弯月状的"三寸金莲"有所不同。

2. 女鞋的种类

　　宋朝女子日常穿着的鞋子主要有：弓鞋、翘头履、平头鞋、靸（sǎ）鞋、木屐、靴等。舄是等级规格最高的鞋子，只在重大礼仪活动时搭配冠服穿着。

（1）四季鞋——弓鞋。

　　受缠足影响，在日常生活中女子多着小脚弓鞋，"裙低略露弓鞋""遗下弓弓小绣鞋""鸳履贪弓不意行""后房彩女弓鞋窄，持得金莲案上开""梨花窈窕歌霓裳，落花缓步弓鞋香""淡黄弓样鞋儿小"……从这些宋词中，可以看出弓鞋的样子，其特点是履头尖小，略呈弯状。

　　▶ 弓鞋　宋，佚名绘《杂剧〈打花鼓〉》局部

（2）贵妇鞋——翘头履。

翘头履是鞋头加装饰的鞋子，也有云头履、凤头履等不同样式。

翘头履中有一种叫凤头鞋，"珠襦微露凤头鞋""凤鞋弓小称娉婷""凤鞋宫样小，弯弯露"……其鞋头尖翘像凤头的样子，为女子专用。宋人画《搜山图》中所作的女鞋即是上翘作凤头样。

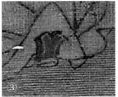

① 凤头鞋 宋，佚名绘《搜山图》局部
② 翘头履 宋，佚名绘《辰星像》局部
③ ④ 翘头履 宋，佚名绘《饮茶图》局部

（3）户外鞋——平头鞋。

"结伴踏青去好，平头鞋子小双弯"，这句宋词描述了女子脚穿平头鞋结伴踏青的场景，由此可见，弓鞋并不是宋朝女子鞋柜里唯一的样式。平头鞋是一种舒适的、适合外出活动时穿着的鞋子。此外，劳动妇女也穿这种方便的鞋子。

（4）拖鞋——靸鞋。

"靸鞋儿走向花下立著""步轻轻、小罗靸"……这里说的靸鞋，是类似于现代拖鞋的无跟鞋子。

（5）雨鞋——木屐。

"试屐樱桃下""巾齿屐，碧云篦"……屐是用木头制作的带两齿的鞋子，在走山路或雨天时，两齿

▲ 平头鞋
宋，苏汉臣绘《冬日婴戏图》局部

能起到防湿防滑的作用。木屐在士大夫和百姓阶层中都很流行，宋词中也有很多描述人们脚穿木屐，在山中、雨中行走的场景。

（6）骑马鞋——靴。

"细马远驮双侍女，青巾玉带红靴"。宋朝中原妇女仍然承袭唐朝遗风，出门乘马骑驴。为了骑乘方便，她们常穿靴。宫女在穿着圆领袍时也会搭配靴。有些靴头作凤头样式，靴靿（yào）用织锦制作。歌舞女子也穿靴，"锦靴玉带舞回雪"就是形容舞者的穿着。

3. 女鞋的色彩与装饰

　　"鸳鞋小砑（yà）红""怕立损、弓鞋红窄""对华
筵坐列，朱履红裙"……由此可见，宋朝女子的鞋子以红
色居多，与红裙相得益彰。北宋期间，在东京汴梁闺阁出
现了一种拼色鞋——"错到底"，体量很小，鞋头尖尖，
用两种颜色的布拼接而成。南宋陆游在《老学庵笔记》中
写道："宣和末，妇女鞋底尖，以二色合成，名曰'错到底'。"

▲　宋朝"错到底"
出自钱金波、叶大兵编著
《中国鞋履文化史》

　　"绣履弯弯，未省离朱户""绣鞋不胜春，风若凌波
仙""步蹙金鞋小""侍辇归来步玉阶，试穿金缕凤头鞋""背
人语处藏珠履，觑得羞时整玉梭"……从这些宋词可以得
知，如果按照材料、装饰来分，又有绣鞋、珠鞋、金缕鞋等。

▲　装缀珍珠的红色翘头履

4. 女子的罗袜

　　宋朝由于女子缠足之风盛行，因此其袜子与鞋子一样，被做成尖头状，头部朝上弯曲，
呈翘突式。贵族官宦之家的女子常用罗、绫、锦等丝绸制作袜子，平民女子则常用布制作。

　　宋朝姜夔在《鹧鸪天》中有词句云："笼鞋浅出鸦头袜，知是凌波缥缈身。"鸦头袜
与尖头的罗袜不同，袜子前部大脚趾与其余四趾分开，形成"丫"形，又叫"歧头袜"。

🌀 四、宋朝女子的"发际线"

　　宋朝袁褧（jiǒng）在《枫窗小牍》中记载汴京女子妆发："崇宁间，少尝记忆作大
鬓方额；政宣之际，又尚急把垂肩；宣和以后，多梳云尖巧额，鬓撑金凤。"这里所说的"大
鬓方额""云尖巧额"就是北宋后期流行的额发造型。大鬓方额就是将发梳掠于脑后头顶，
将额发修剪成一字形，横列于眉上。云尖巧额是指将额发盘成云朵之状，云朵朵数多寡不等，
两鬓以钗钿固定。《瑶台步月图》中的仕女梳的是大鬓方额，《璇闺调鹦图》中的仕女梳
的则是云尖巧额。

▶　大鬓方额　宋，
刘宗古绘《瑶台步
月图》局部

◀　云尖巧额　宋，
王居正绘《璇闺调
鹦图》局部

小贴士　穿汉服时，怎么搭配鞋子？

在偏复原风格的穿着场景下，穿袆衣等宏大的礼服，可以搭配舄；穿霞帔大袖等比较正式的汉服，可以搭配翘头履；穿相对日常的汉服，可以搭配弓鞋、平头鞋。如果是日常穿着，也可以根据个人喜好搭配现代的鞋子。◈

 ## 场景八　临安城初雪

是年腊八，初雪翩飞，不多时，临安城的勾栏瓦舍、亭台水榭便似敷了薄粉，平添了几分风韵。

诸位小娘子不约而同地来到秾花馆赏雪，帘幕轻卷，凭栏对坐，言笑晏晏。小娘子们一色冬日装扮，锦袄貂袖，煞是御寒。看那正在雪地里折红梅的陆娘子，上穿檀色素缎袄，下束天碧色菱纹菊花绮裙，外罩素缎对襟绵袄。她高挽鬟髻，簪缠枝菊花鎏金钿钗，戴金叠胜耳环，眉间贴花钿，折罢梅花，玉步款款，好一幅"美人倚梅图"。

▲　宋，佚名绘《仙馆秾花图》局部

由于出土的宋朝冬装实物较少，我们往往有一种"冬穿明制夏穿宋"的印象，或者有此疑问，难道宋朝没有冬天吗？事实上，宋朝的冬天比我们想象得寒冷，由宋画中诸多冬日题材的作品可见一斑。那么，宋人冬天都穿什么呢？

🌀 一、宋朝的冬装类型

　　宋朝的冬装可以分为两大类，一是夹衣类，即双层的衣裙；二是绵衣类，即分内外两层，内部填充丝绵的服饰。这里需注意的是，宋朝棉花的种植尚未普及，填充棉花的衣物价格昂贵，所以冬装大多是填充丝绵的。

1. 夹衣类

　　南宋周密《武林旧事》中记述有"授衣节"，当日"御前供进夹罗御衣，臣僚服锦袄子夹公服"，由此可知，宋人在冬季会穿夹衣御寒。由"夹罗御衣""夹公服"可以推测，不同款式的单衣都可以做成双层的夹衣来保暖。从描绘冬季场景的宋画中可以得以验证，这些人物所穿冬衣款式与单衣款式相同，但应该是双层的夹衣或者填充丝绵的绵衣。

2. 绵衣类

　　绵衣是双层并填充丝绵的衣物，前文提到的袄、袴、裆、套裤都可以做成应季的绵衣。

　　袄是有衬里、夹里的或者以皮革制作的上衣，又名"夹袄"，絮绵的称为"绵袄"，以鞣制的动物皮制作的称为"皮袄"。袄有宽袖与窄袖之分，又有对襟和大襟之别，根据衣长不同，袄又可分为大袄和小袄。大袄即长袄，摆线在膝盖上下；小袄即短袄，摆线在腰际至臀部之间。中上阶层常用带有精美纹样的锦、缎和皮毛作面料，平民阶层则常用麻、葛甚至纸张等价格低廉的材质。

◀ 穿袄的仕女
宋，佚名绘《万花春睡图》局部

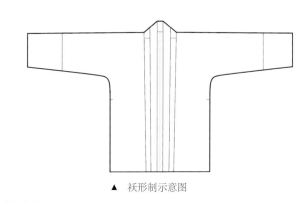

▲ 袄形制示意图

二、宋朝的特色冬装

1. 貉（hé）袖

貉袖，袖较短，类似半臂，前后襟短至腰间，衣身两侧不开衩。唐朝刘商的琴歌《胡笳十八拍·第五拍》中有"狐襟貉袖腥复膻，昼披行兮夜披卧"的句子。由此可见，这种服式至少在唐朝已经出现。

宋朝曾三异的《同话录》中对貉袖的解释是："以最厚之帛为之，仍用夹里，或其中用绵者，以紫或皂缘之。"由此可以看出，貉袖面料用最厚的布，可以做成两层或者填充丝绵来保暖。

目前尚未有宋朝貉袖的出土实物，可以从出土的元朝貉袖中看出其结构形制。在宋画《仙馆秾花图》中，我们也可以看到内穿袄、外罩貉袖的仕女形象。

◀　穿袄与貉袖的仕女
宋，佚名绘《仙馆秾花图》局部

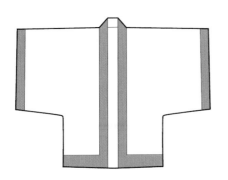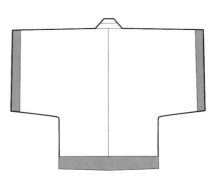

▲　貉袖形制示意图
根据《仙馆秾花图》推测绘制

2. 旋袄

　　在宋朝还有一种常见的特色袄——旋袄，男女都可以穿。这里的"旋"跟"旋裙"里的"旋"意思应该一致，即便于骑乘、便于活动。

　　周锡保在《中国古代服饰史》中阐释貉袖的特点，并认为旋袄与貉袖是同一种服式。根据宋朝曾三异在《同话录》中对貉袖的描述"近岁衣制有一种如旋袄，长不过腰……"，笔者认为，用旋袄来类比解释貉袖，证明旋袄是一种与貉袖形制相似的常见款式，但二者应该不是同一种服制。

　　笔者推测旋袄一方面有与貉袖类似的特征，即袖长仅半臂长度，便于骑乘，另外一方面应该有"旋"的特征，即衣长到膝盖以上，两侧开衩，上下马时，开衩的衣襟有旋开的形态。

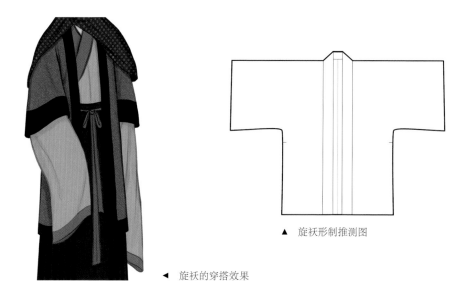

▲　旋袄形制推测图

◀　旋袄的穿搭效果

3. 小翻领袄

　　在《仙馆秾花图》中靠栏杆坐着的一位仕女，身上穿的袄有着类似"小翻领"的样式，是一种特别的领型。在江西德安南宋周氏墓出土的服饰中，有一件袄的领型与画中类似。这件袄窄袖缘边，直领对襟，衣襟中间有一处纽襻，脖颈处有白色外翻的领子，不仅可以保持领口的清洁，而且可以在冬季起到保暖作用。

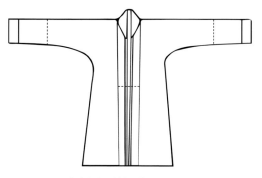

▲　小翻领袄形制示意图
根据江西德安南宋周氏墓出土文物绘

雪
里
已
知
春
信
至
，
寒
梅
点
缀
琼
枝
腻
。

——
宋
，
李
清
照
《
渔
家
傲
·
雪
里
已
知
春
信
至
》

▲
冬
季
穿
衣
层
次

● **层次 1:**

银灰绵裤 + 高筒夹绵绢袜 +
檀色素缎夹衣

● **发型配饰:**

双鬟髻 + 缠枝菊花纹鎏金钿
钗 + 通草梅花簪 + 金叠胜耳
环 + 梅花纹金指镯

● **妆容:**

梅花妆

● **层次 2:**

层次 1+ 菱纹菊花夹裙 + 对襟素缎
绵袄 + 缂丝飘带

小贴士　如何区分襦、衫、袄？

襦、衫、袄都是上衣，它们怎么区分呢？可以从衣服长短、层数、是否开衩、是否有腰襕以及穿着方式来区分。

襦、衫、袄的区别

名称	长短	层数	是否开衩	是否有腰襕	穿着方式
襦	一般较短，到腰部	单层或双层	否	可有可无	东晋等朝代有穿在裙外的，宋朝多穿在裙内
衫	可长（膝盖上下）、可短（腰臀间）	单层	是	无	裙外、裙内均可
袄	短袄多在膝盖以上，长袄长至膝盖以下、脚踝以上	双层或有填充物	是	无	多穿在裙外

 ## 场景九　元宵灯如昼

上元佳节，大宋有五天元宵假。街市上歌舞升平，放眼处皆是琴瑟箫鼓、华灯宝炬、火树银花，正是应了"花市灯如昼""夜夜鱼龙舞"之景。

是日傍晚，林娘子也带着孩童在庭园里欢度元宵。妙曲轻弹，灯月同辉。童子们提着各式花灯嬉戏玩耍，林娘子也换上了元夕盛装，煞是应景。她内穿八达晕灯笼纹锦缎袄，外罩灯笼纹织金缎貉袖，束印金白绮褶裙。又头戴玉蛾儿，簪捻金雪柳，神情专注地赏玩着一只琉璃星球灯。月色溶溶，凤箫声动，实乃良辰美景也。

▲　宋，李嵩绘《观灯图》局部

一、元宵节应景穿搭

元宵节又名上元节、小正月、元夕或灯节。《全宋词》中写到元宵节的词有三百余首，可见宋人对元宵节的偏爱程度。当然，宋人爱元宵节也不是没有理由的，他们不仅可以享有五天的法定节假日，而且在此期间，女子可以通宵达旦地观灯出游。她们穿上应景的节日盛装，或呼朋唤友，或与夫婿结伴，尽情享受"玉壶光转"的美好。

1. 应景色彩——衣多尚白

宋朝周密在《武林旧事》中提到："元夕节物，妇人皆戴珠翠、闹蛾、玉梅、雪柳、菩提叶、灯球、销金合、貂袖、项帕，而衣多尚白，盖月下所宜也。"由此可见，在元宵节这天，宋朝女子喜欢白色或接近白色的衣裙饰品，为什么呢？因为在溶溶月光下，白色更显得清冷脱俗，宛若仙子。元宵节穿衣尚白的习俗也一直延续到明朝。

2. 应景饰品——蛾儿雪柳

《武林旧事》中描写南宋临安城元宵节的文字，还提到不少宋人元宵节的应景饰品。

（1）报春的闹蛾。

"蛾儿雪柳黄金缕""闹蛾雪柳添妆束"……"闹蛾"可谓是元宵词里的高频词汇了，那么，这样应景的饰品又有什么寓意呢？

闹蛾又叫"灯蛾儿"，用丝绸、乌金纸或金银制作成"蛾"的形状，簪戴在头上，走起路来蛾翅晃动，煞有灵气。因为元宵节张灯结彩，蛾儿喜光，故取"蛾儿取火"之意。

除此以外，宋朝女子还会簪戴蜜蜂、蝉、蝴蝶、蜻蜓等形态的饰品，这些昆虫多在春暖花开时活动，所以有"报春""迎春"的象征意义。

（2）迎春的梅、柳。

和蜜蜂、蝴蝶类似，梅、柳是植物中的报春使者，所以也深得宋朝女子偏爱。玉梅、雪柳多用白色纸或绢制作而成，也有用捻金线制作雪柳的，称为"捻金雪柳"。

▲ 簪戴的白色"闹蛾"
宋，苏汉臣绘《五瑞图》局部

▲ 捻金雪柳
宋，李嵩绘《观灯图》局部

（3）菩提叶。

宋人元宵节簪戴的"菩提叶"有两种，一种是菩提叶灯，是以菩提叶用水浸泡脱去叶肉后剩下的叶脉制成的，另一种是手工制作的"翠花"饰品，上面多点缀着蛾、蝉、蜂等昆虫，显得春意盎然。

（4）闪耀的灯球。

除了佩戴"闹哄哄"的昆虫、植物，宋朝女子还发明制作了一种可以簪戴的"星球灯"。据《新编醉翁谈录》记载，心灵手巧的宋朝女子制作出一种像枣子、栗子一般大小的灯球，里面放上金缕、彩线，再用珍珠、翡翠装饰，晶莹剔透，在月光下闪耀着星光。女孩们簪戴着星球灯，嬉笑追逐，真是灯市上最"亮"的风景啊。

比起女孩们的浪漫巧思，男子戴的"火杨梅""灯碗"就有点冒险了。北宋吕原明在《岁时杂记》记载，火杨梅是把枣泥丸穿在铁枝上点燃，或者插在头上，灯碗是没有提手的灯，可以放在头顶。汴梁上元佳节期间，达官显贵出门，会让他们的随从头顶火杨梅、灯碗，以此给他们拉风、撑排面。

3. 应景纹样——灯笼锦

宋人不仅把灯戴在头上，还要把"灯"穿在身上，灯笼锦就是最为应景的灯笼纹样面料。

"灯笼锦"源于北宋，又名"庆丰年"或"天下乐"，因以金线织成灯笼形状的锦纹得名。据说宋朝大臣文彦博在成都任上，为讨好当时得宠的张贵妃而织造出新奇的"灯笼锦"纹样。据梅尧臣记述，该图案为"金线灯笼载莲花"，正应灯节之景。

4. 应景服装——貉袖、项帕

关于宋朝元宵节女子装扮的描述，《武林旧事》中有宋朝女子在元宵节穿貉袖、项帕的记载，说明貉袖也是当时汉人普遍穿着的一种服式。而"项帕"推测为一种类似云肩的肩部装饰，在金代《文姬归汉图》中可以看到"貉袖、项帕"的服饰形象。

综上所述，头戴蛾儿雪柳，身穿白色灯笼锦制的貉袖，应该是非常应景的元宵节装扮了吧。

▶ 貉袖、项帕　金，张瑀绘《文姬归汉图》局部

铺翠冠儿、捻金雪柳，簇带争济楚。

——宋，李清照《永遇乐·元宵》

● **西江月的今日穿搭：**

双丝绢夹绵抹胸＋八达晕灯笼纹
锦缎袄＋印金白绮褶裙

灯笼纹锦缎袄参考《仙馆秾花图》以
及江西德安南宋周氏墓小翻顿袄实物
绘制

● **发型配饰：**

高髻＋铺翠花冠＋捻金雪柳＋
星球灯

蛾儿雪柳黄金缕，笑语盈盈暗香去。

——宋，辛弃疾《青玉案·元夕》

● 西江月的今日穿搭：

双丝绢夹绵抹胸＋八达晕灯笼纹锦缎袄＋印金白绮褶裙＋灯笼纹织金白缎络袖

● 发型配饰：

高髻＋铺翠素绡包髻＋玉蛾儿＋捻金雪柳＋星球灯

灯笼锦袄参考《仙馆秾花图》以及江西德安南宋周氏墓出土小翻领袄实物绘制

▶ 元宵节应景搭配（二）

二、宋朝女子首服样式

李清照所描述的"铺翠冠儿"是一种用翠鸟羽毛装饰的发冠，这是宋朝女子在元宵节这天的应景装扮。那么，除了各式的"冠"，宋朝女子的首服还有哪些呢？

1. 暖帽

暖帽，顾名思义，是用来御寒保暖的帽子。宋朝吴文英在《玉楼春》中描述舞女冬装云："茸茸狸帽遮梅额，金蝉罗翦胡衫窄。"这种毛茸茸的"狸帽"来自北方辽金装束，在金代画家张瑀的《文姬归汉图》中，可以一窥全貌：用狸皮制作帽体，额头与两鬓均有一簇狸毛用来保暖、装饰。

2. 帷帽

宋朝帷帽承继唐朝样式，在高顶宽檐的笠帽边沿装缀一周薄而透明的面纱，是女子出行时用来遮面、抵御风沙的帽子。在《清明上河图》中，可以看到头戴帷帽骑驴出行的女子形象。

▲　帷帽

3. 盖头

宋朝女子的盖头有两种形制，一种以长布帛缝制成风兜形状，下垂长帽裙，类似男子风帽，戴在头顶裹住双鬓或放在耳后，用绳带系扎，露出面庞，帽裙披搭于肩背。周辉《清波杂志》中记载："士大夫于马上披凉衫，妇女步通衢，以方幅紫罗障蔽半身。俗谓之'盖头'。"由此可见，女子外出时常戴这种"盖头"，由方形布帛制成，可以遮蔽上半身。《清明上河图》中可见头戴此种盖头的女子。

一种叫"面衣"，宋人高承在《事物纪原》中描写宋朝女子首服时云："面衣，前后全用紫罗为幅，下垂，杂他色为四带，垂于背，为女子远行、乘马之用。"面衣形制简单，仅为一块裁制的长方形布帛，用时以前后方向盖住面庞，披搭于肩背。《事物纪原》所记述的面衣还有四根其他颜色的带子，江西鄱阳南宋洪子成夫妇墓出土的女瓷俑所戴面衣则没有带子，可见，面衣可添加带子装饰，也可不加。

宋朝盖头多用来遮风避尘或御寒，此外，红色盖头或红

▲　头戴盖头的妇女　宋，李嵩绘《市担婴戏图》局部

色销金盖头是宋朝民间婚嫁时的聘礼之一，女子婚嫁时要戴红盖头来遮羞。此外，《东京梦华录》云："妓女旧日多乘驴，宣、政间惟乘马，披凉衫，将盖头背系冠子上。"宋朝毛珝（xǔ）《吴门田家十咏·其八》有诗云："田家少妇最风流，白角冠儿皂盖头。"由此可见，盖头可以与发冠搭配佩戴。

▲ 盖头

4. 头巾

宋朝女子头巾样式与戴法均有多种。有的包住发髻，形似层叠的云朵，山西太原晋祠圣母殿彩塑中可见到扎巾包髻的侍女形象。还有固定住发髻在前后系扎头巾的，这种方式常见于下层劳动女子，重庆宋朝大足石刻的"养鸡女"的头巾即为这种束扎方式。

①② 包髻布　山西太原晋祠圣母殿彩塑局部
③ 以头巾束发的农妇　重庆宋朝大足石刻《养鸡女》局部

▲ 包髻布　　　　　　　▲ 头巾

除了以上这些首服种类，乐舞宫伎、侍女也常佩戴幞（fú）头、抹额，杂剧女艺人还会佩戴诨裹，这些首服样式对于她们来说也是特殊的身份标识。

三、宋朝服饰流行纹样

灯笼纹是应景的元宵节纹样，服饰纹样不仅能够应景，迎合节日氛围，而且能寄托主人对美好生活、美好品格的憧憬与向往。那么宋朝还有哪些流行的纹样呢？宋朝服饰图案主要包括植物图案、动物图案、几何图案、组合图案四类，也有少见的人物图案。

1. 植物图案

植物图案清新秀丽，象征着美好的期许与品格，最能体现宋人的审美与气质，是宋朝的主流纹样。根据《中国纹样史》记载，宋朝植物纹样的类型就有牡丹、莲荷、海棠、梅、菊、忍冬、宜男、秋葵、石榴、桂、兰、樱桃、芙蓉、茶花、栀子、芍药、桃花、水仙、兰花、蔷薇、石竹、荔枝、茨菰、浮萍、合欢、松、竹、柳等数十种，数量之丰，令人目不暇接。

除了单独的花卉图案，还有各种植物的组合图案。如一年景是将一年四季的花卉或者景物进行组合和搭配，形成的一种新的服饰图案，其寓意完美。

花草纹样的流行与宋朝"尚花"的风气息息相关。伴随着宋朝园艺与市井文化的繁荣发展，宋人不分社会阶层、男女老少，皆赏花、簪花、养花，而且在特定的节日里，宫廷还向官僚大臣赐花。

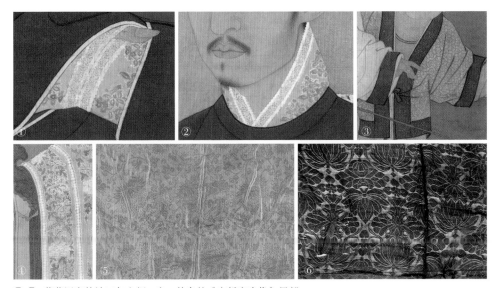

① ② 花草图案的袖口与衣领　宋，佚名绘《宋哲宗坐像》局部
③ 领抹上的花草纹与貂袖上的球路簇花纹　宋，苏汉臣绘《冬日婴戏图》局部
④ 椅帔上的花草图案　宋，佚名绘《宋高宗后坐像》局部
⑤ 南宋对襟衫上的双蝶缠枝纹
⑥ 南宋交领衫上的莲花纹

2. 动物图案

宋朝服饰中常用的动物图案主要有龙纹、凤纹、翟纹等，这类纹样在封建王朝象征至高无上的权力，常用在帝后礼服中，从宋画中的帝后形象中可以看到。此外，还有飞鹤彩云纹、狮纹等具有祥瑞辟邪寓意的纹样。

3. 几何图案

宋朝几何纹更为庄重、格律严谨，与各类杂宝纹样的穿插搭配有固定程式，而且内容丰富有趣，在保留形式严谨的同时又不过分呆板。

4. 组合图案

组合纹样即以植物、动物、人物、几何等元素组合搭配，表现生动的自然风光或生活场景，情景交融。常见的有几何纹与花草纹的搭配、花草与动物纹的搭配、花草与人物的搭配等。

▲ 龙纹 宋，佚名绘《宋徽宗后坐像》局部

▲ 几何纹裤子和花草纹毯子 宋，苏汉臣绘《灌佛婴戏图》局部

▲ 球路与花组合纹样 宋，刘松年绘《宫女图》局部

小贴士 现代可以穿汉服应景的节日有哪些呢？

一类是传统节日：春节、元宵节、花朝节、上巳节、端午节、乞巧节、中秋节等；一类是汉服相关的节日：华服日（农历三月初三，即上巳节）、汉服出行日（11月22日）、汉服文化周（十月底至十一月初）、中华礼乐大会（十一月初）。当然，并不只有在以上节日才能穿汉服哦。

第二章
官家官员的通勤装

 场景十　元旦大朝会

是年元旦，万象更新。随着五更攒点的梆鼓声响起，宫门缓缓打开，在宫外等候多时的百官虽然被冻得瑟瑟发抖，但仍然抖擞下精神，神情肃穆地鱼贯而入。

官家与文武百官皆穿方心曲领朝服出席，官家戴二十四梁通天冠，用玉犀簪导之。身穿绛色纱袍，红色衬里，领、袖、襟、裾均缘黑边，着白纱中单，领、袖、襟、裾均缘朱边。颈下垂白罗方心曲领一个，下着绛色纱裙蔽膝，腰束金玉大带，足穿白袜黑舄，另挂佩绶。

文武百官服饰乍看无异，实则有别，冠服制式依官位品阶不同各有差异。

致辞、朝贺、上寿……半晌过后，仪程接近尾声，官家赐宴。在大朝会的礼乐和执事们分赐胙（zuò）肉的忙碌中，新的一年在大庆殿拉开了帷幕。

▶ 宋，佚名绘《孝经图》局部

《宋史·舆服志三》记述："天子之服，一曰大裘冕，二曰衮冕，三曰通天冠、绛纱袍，四曰履袍，五曰衫袍，六曰窄袍，天子祀享、朝会、亲耕及亲事、燕居之服也，七曰御阅服，天子之戎服也。中兴之后则有之。"这段话记载了宋朝皇帝在祭祀、朝会、燕居等不同场合穿的服饰。

大裘冕、衮冕属于祭服，参加重大祭祀活动时穿着。通天冠服属于朝服，在大朝会、大册命、籍田礼时穿着。履袍属于公服，衫袍与窄袍属于常服，在非大朝会面见群臣议事时穿着。御阅服则是皇帝的戎装，检阅军队时穿着。

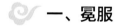

一、冕服

1. 基本形制

冕服是祭祀所穿戴的礼服，是古代帝王以及诸侯举行重大礼仪时所穿戴的最高规格礼服，主要由冕冠、衣、裳、大带、蔽膝、素纱中单、赤舄等构成。冕服上有十二章纹：日、月、星、山、龙、华虫、宗彝、藻、火、粉米、黼（fǔ）、黻（fú），这些都是一些寓意美好和光明的纹饰，具有象征意义，充分体现了"以文为贵"的礼制。

大裘冕是帝王祭天时的冕冠，衮冕是帝王祭祀先祖时的冕冠。从北宋聂崇义《新定三礼图》中的大裘冕与衮冕，可以看出大裘冕全身无纹，衮冕满身章纹。

大裘冕在宋神宗时期恢复使用，其形制为"以黑羔皮为裘，黑缯为领袖及里缘，袂广可运肘，长可蔽膝"。这是宋神宗在冬至祭天时的着装，在衮冕之外加了一件黑羔皮大裘，之后又因宋朝朝廷内部不同党派在礼服制度上的不同意见而被废除。

▲《新定三礼图》中的宋朝大裘冕与衮冕

2. 十二章纹

（1）十二章纹的内容。

十二章纹，又称十二章、十二纹章，是中国帝制时代的服饰等级标志。

十二章纹是帝王及高级官员礼服上的十二种纹饰，分别为日、月、星辰、群山、龙、华虫（有时分花和鸟两个章）、火、宗彝（南宋以前是一只老虎、一只猴子）、藻、粉米（晋朝以前是粉和米两个章）、黼、黻等，通称"十二章"。

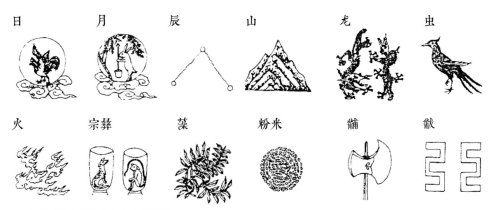

▲ 明朝《三才图会》中的十二章纹

（2）十二章纹的内涵。

日、月、星辰，取其照临之意；山，取其稳重、镇定之意；龙，取其神异、变幻之意；华虫，为缤纷的花朵和五彩的虫羽，取其纹彩华美之意；火，取其明亮之意；宗彝，取供奉、孝养之意；藻，取其洁净之意；粉米，取粉和米有所养之意；黼，取割断、果断之意；黻，取其辨别、明察、背恶向善之意。

（3）十二章纹的排列分布。

宋朝相关的文献资料对章纹的记载不多，而且在宋朝三百多年的变迁里，不同帝王对于章纹的位置与分布存在着不同的应用方式。《宋史·舆服志》载建隆元年的章纹应用如下："八章在衣，日、月、星辰、山、龙、华虫、火、宗彝；四章在裳，藻、粉米、黼、黻。"即上衣具有日、月、星辰、山、龙、华虫、火、宗彝八章纹样，下裳具有藻、粉米、黼、黻四章纹样。

3. 冕服上的身份标识

在祭祀等重大典仪场合，皇帝、皇子以及群臣都要穿着冕服。那么，如何根据冕服细节的不同区分不同人的身份地位呢？

（1）冕冠上旒的数量。

宋朝冕服的等级以旒的数量加以区别。"旒"是冕冠前后悬挂的串饰，通常由珠玉制成，以五彩丝线编制为藻，一串珠玉就是一旒，以旒的数量作为服饰礼制规格是我国自古以来就有的传统，天子所戴冕冠有十二旒，此外还有皇子与群臣所戴的九旒冕、七旒冕等。

宋朝冕旒等级制度也历经数次变革，政和年间修订后的服饰制度规定：皇太子及正一品、从一品官员戴九旒冕，二品官员戴七旒冕，三品官员戴五旒冕。

（2）冕服上章纹的数量。

十二章以下又衍生出九章、七章、五章、三章之别。只有天子才有权使用十二章，皇太子为九章，官员所服章数根据品级依次递减。

（3）其他。

冕冠上是否有额花、革带的材质、佩绶的材质以及服饰的色彩等，都会根据官位的品级高低有所区分。

▲ 旒冕
宋，马麟绘《商汤王立像》

🌀 二、朝服

1. 朝服的基本形制

朝服是东汉至明朝历朝君臣在大祀、庆成、正旦、冬至、圣节及颁诏开读、进表、传制等重大典礼时穿着的礼服。

宋朝皇帝和大臣的朝服基本保持了前朝梁冠、交领、裙裳大带、革带、佩、绶的搭配方式。朝服在祭祀、大朝会、大册命等重要场合才穿，是仅次于衮冕服的一种礼服，穿着时要佩戴通天冠。

▶ 身穿通天冠服的武昭皇帝赵弘殷
宋，佚名绘《宋宣祖坐像》局部

2. 穿朝服配什么"冠"

穿朝服时，不同身份的人所戴的冠也有严格的规制。通天冠是皇帝专属的冠，远游冠是皇太子专属的冠，群臣根据身份不同佩戴进贤冠、貂蝉冠、獬豸（xiè zhì）冠，其中貂蝉冠与獬豸冠是在进贤冠的基础上根据身份加以改良而成。

（1）通天冠——皇帝专属。

通天冠有二十四梁，用产自北方地区的珍珠装饰，加金博山，附十二只蝉，全冠高宽各一尺（宋朝一尺约 31.68 厘米），青色的表面，红色的内里，用珠翠、彩色丝线装饰，以玉犀簪子固定。

（2）远游冠——诸侯王常戴。

远游冠有十八梁，其余大致与通天冠相同，冠的表面用青罗面料，装饰有镂金涂银的钑花，用犀牛角做的簪固定，红丝线做缨，加金博山，政和年间又加附蝉。

（3）进贤冠——基础款"梁冠"。

进贤冠是一种"梁冠"，用漆布做成，冠额上有镂金涂银的额花，冠后有"纳言"（巾帻），用罗为冠缨垂于颌下系结。

（4）貂蝉冠——高官专属。

貂蝉冠，又叫"貂蝉笼巾"，用藤丝织成，外面涂漆，其形方正，左右有用细藤丝编成的像蝉翼般的两片，用银装饰，前面有银花，上面缀有黄金做的附蝉，南宋时改为玳瑁附蝉，左右各为三只小蝉，并且在左侧有玉鼻，里面插着貂尾，所以叫貂蝉冠。

（5）獬豸冠——法官专属。

獬豸冠是执法官员穿朝服时戴的冠，在进贤冠的梁上增加木雕獬豸角（象征秉公执法），用碧粉涂之，梁数等级之别与进贤冠相同。冠的侧面插有立笔，用削好的竹子为笔杆，裹以绯罗，以黄丝为毫，拓以银缕叶，插于冠后。

① 通天冠　宋，佚名绘《宋宣祖坐像》局部
② 进贤冠　宋，陈居中绘《文姬归汉图》局部
③ 貂蝉冠　明，佚名绘《范仲淹像》局部

3．如何以"帽"取人？

宋朝的朝服在形制和规范上都十分完备与严谨，在佩绶的花纹和颜色、配件的材质、所戴冠的细节装饰等方面都有严格的规定。那么，如何根据群臣所戴的冠来区分他们的身份地位呢？

（1）貂蝉冠——最高规格的进贤冠。

貂蝉冠是一种加貂蝉笼巾的七梁进贤冠，是进贤冠里最高规格的冠。宋朝官员朝服制度几经改革，元丰二年（1079）确立的朝服制度规定：貂蝉冠分为两个等级，一等的貂蝉冠用天下乐锦（灯笼纹锦）做绶带，只有宰相、亲王、使相、三师、三公可以戴；二等貂蝉冠用杂花晕锦做绶带，是枢密使、知枢密院至太子太保的首服。

（2）进贤冠的讲究。

根据元丰二年修订确立的朝服制度，进贤冠共有七等，七梁冠的貂蝉笼巾分两等。除此以外，六梁冠，配方胜宜男锦绶，为第三等，左右仆射至龙图、天章宝文阁直学士佩戴。五梁冠，配翠毛锦绶，为第四等，左右散骑常侍至殿中、少府、将作监佩戴。四梁冠，配簇四雕锦绶，为第五等，客省使至诸行郎中佩戴。三梁冠，配黄狮子锦绶，为第六等，皇城以下诸司使至诸卫率府率佩戴。二梁冠，配方胜练鹊锦绶，为第七等，入内、内侍省内东西头供奉官、殿头，以及三班使臣、陪位京官佩戴。

4．方心曲领

方心曲领是宋朝朝服最显著的标志之一，用白罗制作而成，上圆下方，上半部分的圆形代表天，下半部分的方形代表地，即寓意"天圆地方"。圆形部分后面有两根绳子，可以系在后颈，下缀的方框部分悬垂于胸前，罩于外衣交领之上。其实方心曲领并不是宋朝专属，早在西汉时期就出现了。当时官员上朝的服装层层叠叠，显得异常臃肿而影响美观，于是官员们创造性地在脖子上戴一个白色的项圈，用来压住衣领，以显得体。

宋朝官员将曲领改造成上圆下方，方心曲领让朝服既庄重朴素又不失威严，方圆之间平添了一份庄严之感。所以，方心曲领不仅起到装饰作用，而且能体现威严庄重之感，警戒群臣恪守礼教，同时也能压住衣领，保持朝服的整洁得体。

① 曲领　唐，阎立本绘《历代帝王图》局部

② 宋朝方心曲领为"实心"　宋，佚名绘《宋宣祖坐像》局部

三、官家的公服

1. 公服种类

"凡朝服谓之具服，公服从省，今谓之常服"。由此可见，公服在宋朝称"常服"，是一种适合一般正式场合的"职业装"，比我们今天所理解的日常服饰要正式。

根据《宋史·舆服志》记述，宋朝皇帝的公服根据场合和形制分为三种：履袍、衫袍和窄袍。

（1）履袍。

履袍是皇帝公服中最为正式的一种，多在大宴时穿着，形制为：圆领、大袖、下摆接横襕且不开衩。佩戴直脚幞头、金玉装饰的犀牛皮革带。如果脚上穿履，则称为"履袍"，如果脚上穿靴，那就称为"靴袍"，履和靴都用黑色牛皮制成。在四孟朝献景灵宫、冬至祭祀、郊祀明堂、诣宫、宿庙时穿着。由宋朝皇帝画像可以看出，皇帝的履袍多为红色、白色、淡黄色，且在色彩搭配上具有一定程式，红色履袍多搭配黄色与白色衬服，白色履袍搭配红色衬服，淡黄色履袍搭配深黄色衬服。

（2）衫袍。

宋朝的衫袍沿袭唐朝，形制与履袍类似，圆领大袖，只是下摆无襕，头戴幞头，腰系九环带，脚着六合靴，在大型宴会上穿着。另外，会系上单铊（tā）尾红色革带，并穿上皂文鞸（bì，遮蔽在衣裳前的一种服饰）。

（3）窄袖袍。

窄袖、圆领、衣身开衩，多搭配垂脚幞头、犀金玉环带，是皇帝在非大朝会面见臣僚议事时的穿着。

▶ 身穿白色履袍的宋英宗 宋，佚名绘《宋英宗坐像》局部

官家公服的穿搭展示

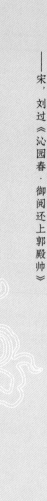

官家的公服穿搭

● **江城子的今日穿搭：**

生色领黄罗衬服＋绛罗

公服＋銙带＋皂靴

● **发型配饰：**

直脚幞头

随我玉麈尾，

乞君宫锦袍。

——宋，黄庭坚《赠惠洪》

● 江城子的今日穿搭：

梅化万胜纹宫锦窄袖袍 +

红鞓玉銙带 + 皂靴

● 发型配饰：

垂脚幞头

官家的窄袖袍穿搭

2. 銙带——公服"伴侣"

穿公服时必备的配饰銙（kuǎ）带，又叫革带，形似皮带。銙带是整个宋朝官服体系中的重要部分，不仅可以束腰，而且是区别官员品阶的标识。

（1）銙带的结构。

一条銙带主要有带扣、带鞓（tīng）、带銙、铊尾等组件。

带扣位于带头部分。带鞓用皮革做成，外面裹以红、黑绫绢，红的称红鞓，黑的称黑鞓。附在带鞓上用于装饰的玉石、金属等配件为带銙，有圆形、方形或椭圆形，根据形状被称为"圆銙""方銙"或"团銙"。同时使用两种銙称为"方团銙"，只使用方銙称"纯方銙"，排列紧密的方銙称为"排方銙"，排列稀疏的方銙称为"稀方銙"。

铊尾是銙带末端的一块长条形銙，主要起到加固和保护革带尾端的作用，也有"獭尾""挞尾"等叫法。

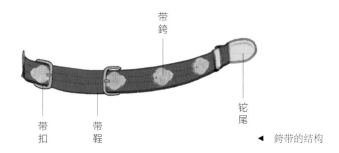

带
銙

铊
尾

带　　带
扣　　鞓

▶ 銙带的结构

▲ 南宋御仙花金銙带

① 銙带　宋，佚名绘《宋钦宗坐像》局部
② 銙带　宋，佚名绘《宋仁宗坐像》局部
③ 双铊尾銙带　五代，顾闳中绘《韩熙载夜宴图》局部

（2）銙带的穿戴。

穿戴銙带时，有带銙的一面要在腰后。因为公服以及其他服饰的袖子都非常宽大，如果手臂下垂站立，衣袖就拖在地上了，所以双手只能交叉在胸前。因此，只有把带銙放在腰后才不会被大袖挡住，也便于人们从背后识别身份。此外，穿戴銙带时，两端的铊尾必须朝下，表示对皇帝的臣服。

▶ 带銙在身后
宋，佚名绘《春游晚归图》局部

四、皇太子服饰

皇太子的服饰，在服装的款式、色彩、装饰等方面，既要体现出皇家的威严，又要有别于最高统治者皇帝的服饰。这其中的差异主要体现在十二章的使用、冕旒（liú）的数量、组绶的佩戴方式等方面。皇太子之服可分为：衮冕、远游冠与朱明衣、常服三大类。

1. 最高规格礼服——衮冕

衮冕是皇太子跟随皇帝参加冠礼、祭祀、纳妃、释奠孔子这些活动时所穿用的服装。其冠冕和服饰形制与皇帝衮冕类似，只是冕旒数减为九旒，十二章纹只使用九章，日、月、星辰纹饰不使用。这也是皇帝冕服与太子、官员的差别所在，只有皇帝有权使用十二章纹的全部纹样，其他官员只能根据品级选择使用。

2. 远游冠、朱明衣

远游冠、朱明衣是皇太子参加册封仪式、拜谒宗庙、参加朝会时所穿用的服饰。远游冠有十八梁，其余大致与通天冠相同。朱明衣是用红花和金丝装饰的纱衣，有红纱里子，衣服的袖口和下摆的边缘用皂青色的面料装饰。红色的下裳，前面加饰红色蔽膝，配红纱里。中单用带有白花的丝绸，边缘同样以青皂面料做饰，配白色丝绸的方心曲领。袜子为丝质，穿黑舄，腰系革带，配挂有剑、佩、绶，手执桓圭，基本与《宋宣祖坐像》中的通天冠服形象类似。

3. 常服

皇太子所穿公服与群臣所穿公服类似，为圆领大袖的紫色襴袍，头上戴皂纱幞头，腰系装饰有金玉的革带。

小贴士　现代有哪些适合穿公服的场合？

公服建议在相对正式的场合穿着，比如汉服展示、宋制婚礼、宋制成人礼等场合。

场景十一　太清楼新书发布会

景德四年（1007）三月，宋真宗召辅臣于后苑，登上太清藏书楼，一起观览太宗圣制御书及新写的四部群书。官家亲自拿着书籍名录，让黄门将对应的书展示给辅臣们。官家与辅臣均头戴直脚幞头，身穿公服銙带，脚穿皂靴。官家穿绛纱公服，腰束玉銙带，群臣皆服朱紫，持笏，束金革带配鱼袋。

观书过后，官家与群臣走过水亭放生池，来到景福玉宸殿宴饮休息。君臣饮酒作赋，相谈甚欢。

▲　宋，佚名绘《景德四图》局部

 一、官员的公服

1. 公服里的颜色等级

宋朝公服的标配形制是"圆领大袖，两侧不开衩，下摆接横襴，平脚幞头纱帽，单挞尾绕胸革带"，与帝王履袍形制类似。宋初到元丰以前，公服一共四色：紫色公服搭配球路纹金銙带，配金鱼袋；绯色公服搭配御仙花金涂银銙排方带，配银鱼袋；绿色公服搭配荔枝银銙单铊尾偏带；青色公服搭配乌角带。元丰改制以后，从颜色上区分三个等级：四品及以上穿紫色，五、六品穿绯色，七品及以下穿绿色。

▲　身穿不同颜色公服的官员
宋，佚名绘《景德四图》局部

▲　身穿公服的皇帝与大臣
宋，萧照绘《中兴瑞应图》局部

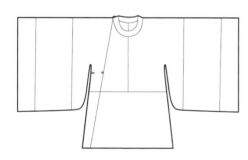
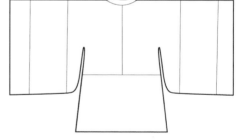

▲　公服形制示意图
参考赵伯澐墓出土圆领袍绘制

2. 官帽里的秘密——"静音帽"

　　两脚细长的乌纱帽可谓是宋朝官员形象的标志之一。那么，这么平直修长的"两脚"是怎么产生的呢？真的是防止群臣上朝时交头接耳的吗？

（1）宋太祖发明的"静音神器"。

　　传说赵匡胤黄袍加身后，大臣们还没有习惯角色转换，总是没个尊卑，上朝时常交头接耳。后来赵匡胤"发明"出一种带有长长帽翅的帽子——直脚幞头，以防止群臣靠得太近，相互攀谈。但这种说法目前没有确切的记载，可以当作趣闻来听。

（2）身份尊卑的标识。

直脚幞头在宋朝是上至皇帝、下至平民都可以戴的，那么问题来了，如何区分身份尊卑呢？宋人在两脚上做文章，用幞头脚的长短来区分地位等级的贵贱，从而体现身份差异。平民所戴直脚幞头两脚短小，皇帝大臣所戴直脚幞头的两脚变得越来越长，以体现威严庄重的身份地位，这个道理跟宽大的袖口类似。

（3）崇尚窄瘦的审美。

宋人的审美偏向修长纤细，于是官帽也就被设计成了有又长又细帽翅的直脚幞头。这样的官帽，平直对称，窄瘦简洁，显示了官员们独特的气质，庄严肃穆又不失简约大方，有宋朝专属的清雅气质。

▲　宋朝皇帝画像中不同形态的直脚幞头

🌀 二、如何以穿戴区分官员等级

皇帝及满朝文武大臣都身穿公服、戴平脚幞头时，除公服颜色以外，还可以从他们腰间的銙带、手里拿的笏板以及腰间是否挂鱼袋等来区分他们的身份与品级。

1. 銙带——"銙"上有乾坤

（1）带銙的质料。

带銙的质料主要有玉、犀、角、石、金、银、铜、铁等，什么身份的人戴什么质料的銙带，都有一定的制度。北宋官员的腰带制度由宋太宗下旨制定，太平兴国七年（982），翰林学士承旨李昉向宋太宗汇报腰带使用制度：从三品以上服玉带，四品以上服金带，四品以下服银方团銙及犀角带，贡士及胥吏、商人手工业者、普通人服铁角带。

宋朝銙带制度也几经变革，但向来以玉带为最高规格。如果官员自身品阶不够戴玉带，还可以凭借所立功勋得到皇帝赏赐的玉带，也是一种无上的光荣。

（2）带銙的形状。

带銙的形状也有一定的分别。如方形玉质带銙紧密排列在带鞓上的銙带叫排方玉带，只有帝王才能束用。此外，方形銙与圆形銙交错排列的方团玉銙带，是皇帝用于赏赐大臣的。

（3）带銙的纹饰。

带銙上的图案五花八门，有御仙花、球路、荔枝、犀牛、双鹿、行虎、野马、师蛮、宝藏、宝瓶、海捷、天王、八仙、宝相花等。

南宋时官员銙带制度继承北宋，球路纹銙带镶钉四方五团带銙，御仙花銙带镶钉紧密排列的方形銙。三公、左右丞相、三少、枢密使、执政官、观文殿大学士、节度使用球路纹金带，观文殿学士至华文阁直学士、御史大夫、中丞、六部尚书、侍郎、散骑常侍、开封府尹、给事中用御仙花带，中书舍人、左右谏议大夫及龙图、天章、宝文、显谟、徽猷、敷文、焕章、华文阁待制、权侍郎用红鞓排方黑犀带。

  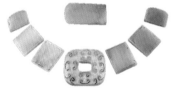

▲ 荔枝纹圆形金带銙　　▲ 荔枝纹金铊尾　　▲ 南宋玉銙带

2. 笏——质料有贵贱

笏是古代群臣朝见时手中所执的狭长板子，用玉、象牙或竹片制成。

（1）笏的实用功能。

笏不仅是官员的身份标识，而且是官员朝堂之上的备忘录和记事本。朝臣面君时，提前将自己准备上奏的内容提要写在笏上，以防止遗忘。朝见过程中，还可以记录下皇帝的口谕或旨意，以便遵照执行。

（2）笏的等级规定。

夏商时期的笏是一种单纯的记事工具，周朝对笏板的使用做了礼制上的规定，唐朝对朝笏按官职等级进行了划分。宋朝规定穿紫袍、红袍的六品以上官员用象牙笏，穿绿袍的七至九品官员用槐木笏，也叫槐简。宋朝笏的形状也有变化，初期短而厚，后来变得长而薄，且向内稍稍弯曲。

此外，帝王、诸侯所用的一种类似笏的礼制玉器为玉圭，呈长条形，上尖下方，也作"珪"。形制大小因爵位及用途不同而异。

▲　穿公服执笏的官员　宋，佚名绘《景德四图》局部

3. 鱼袋——金银有不同

鱼袋源起古代的"合符"之制，皇帝发号施令、调动兵马，都要双方合符，以作为凭证，最常见的形式就是虎符。唐朝建立之后，因为要避唐高祖李渊祖父李虎的讳，又取鱼目长睁不闭的警醒之意，改用鲤鱼形的鱼符，来代替过去的虎符。

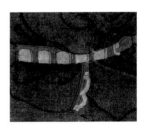

▲　銙带和金鱼袋　五代，周文矩绘《文苑图》局部

宋朝继续沿用唐朝的鱼袋制度，不过此时的鱼袋里已经没有了鱼符，只是在袋上用金、银饰以鱼形，系于身上，鱼袋也不再具有应征召、防诈伪的功能。宋时鱼袋分为两种：金鱼袋和银鱼袋。四品及以上才可以穿紫袍佩金鱼袋，五、六品可以穿红袍佩银鱼袋，七品及以下只能穿绿袍而无鱼袋。此外，在官员退休时，皇帝赏赐鱼袋以表达优抚。

小贴士　男生穿汉服，怎么搭配"腰带"？

腰带最好与所穿服饰适配，如果穿公服这样比较正式的服饰，可以搭配革带，如果是偏向日常风格的汉服，可以根据喜好选择布帛腰带或绦带。

第三章

士宦富贾的
休闲装

当官员下了班，他们就是最具学识、最富情怀的文人墨客，他们燕居时写兰撇竹，宴饮时推杯换盏，郊游时吟咏赋诗。这时的他们又是怎样的装扮呢？本章主要讲述士大夫以及富商、富农等社会中上层男子日常生活、社会交际等场合所穿的便装。

 ## 场景十二　节假日的燕居时光

这是一位宋朝儒士的寻常燕居时光，或许千年之前的东坡居士也曾这样"慢生活"。儒士坐于榻上，头戴皂纱巾帻，穿交领皂缘衣衫、白色中单，下着白色裤装、青黑长裙，掩衣而系，脚穿白袜皂履，好不风雅。他左手持书卷，定睛凝思，悠然闲适。

旁侧一侍童正在斟茶，榻后座屏之上悬挂儒士写真肖像，书房内几案、绣墩、古琴、书画井然陈设，花几上牡丹盛放，书香、墨香、茶香、花香，沁人心神。

▲　宋，佚名绘《人物图》局部

一、汉服的四种形制

　　我们通常习惯以朝代区分汉服的制式，比如唐制、宋制、明制等。此外，若从裁剪方式或者衣服的结构上区分，可以分为衣裳制、深衣制、袍服制、衣裤制。《宋人人物图》中的儒士所穿的就是古老的衣裳制。

　　这四制是历史上汉服体系发展演变的主要线索和脉络，不能理解为四个款式，也不是穿搭方式，而是体系发展历程中可以归纳总结出的制式大类。

1. 衣裳制

　　衣裳制，也叫上下分裁制，即把上衣和下裳分开裁剪，上身穿衣，下身穿裳。上衣下裳制是汉服体系中最古老的形制，现代汉语中所谓"衣裳"就是来源于此。虽然"衣裳"源自"上衣下裳"，但这两个词中"裳"字的读音并不相同。前者读音为"shang"，是所有衣服的统称，而后者则读"cháng"，意思是"裙子"。

　　春秋战国后，上衣下裳往往称为襦裙。汉朝以后，又特指女子襦裙，即短衣长裙，腰间以绳带系扎，衣在内，裙在外。各朝各代在襦裙的基本形制下衍生出半臂襦裙、对襟襦裙、齐胸襦裙等。可见，襦裙制是由衣裳制衍生而来的，其本质还是"上衣下裳"。

① 穿"上衣下裳"的儒士　宋，佚名绘《宋人人物图》局部
② 穿"上衣下裳"的仕女　宋，佚名绘《女孝经图》局部

● **层次 1：**

抱腹 + 裈裤 + 靸鞋

靸鞋形制暂无考证，图中为推测绘制

● **层次 2：**

层次 1+ 中单 + 袴 + 高筒罗袜

家无钗泽穷冯衍，身著襦裙老管宁。

——宋，陆游《休日感兴》

▼

男子『上衣下裳』的穿搭层次

● **江城子的今日穿搭（层次 3）：**

层次 2＋莲花纹青罗衫＋浅褐色褶裙＋素罗直领对襟褙子＋方履

● **发型配饰：**

梁冠式青玉发冠＋纱帽巾

2. 深衣制

　　深衣制也叫上下连缝制，形成于周朝，上衣和下裳分开裁剪，然后在腰部相连，形成整体，即"上下连裳"。深衣男女均可穿，既可用作礼服，又可日常穿着。

▶　朱子深衣形制示意图
根据朱熹《朱子家礼》中的深衣图绘制

3. 袍服制

　　袍服制也叫上下通裁制，始创于隋唐，即用一块布整体裁出上衣和下衣，中间无接缝，自然一体，明显区别于上衣下裳制和深衣制。

　　袍服制最流行的时期在宋朝和明朝，且服饰种类很多，有圆领袍、直裰、鹤氅、褙子等。

4. 衣裤制

　　衣裤制的本质是分裁制，即上身穿衣下身穿裤。衣裤一方面是作为内搭的内衣或中衣，另一方面也可以直接外穿。这种穿着方式多见于劳动阶层，便于劳作活动。但在南宋时期，上衣下裤的穿搭方式在社会中上层人群中也流行起来。

① 身穿袍服的男子　宋，佚名绘《中兴四将图》局部
② 穿衣裤的仕女　五代，周文矩（传）绘《荷亭奕钓仕女图》局部

二、男子的巾帻

巾帻，是用来裹头的布帛，也称帕头，多为黑色或其他深色。根据宋代的一些传世绘画作品可以看出宋代男子常戴的巾帻可以分成两大类，一类是可以随性束扎的软裹巾，一类是经过改良有固定造型的硬裹巾。

1. 软裹巾

"软裹巾"是巾帻的传统样式，没有固定造型，可以根据自己喜好束扎发髻，有小巾、逍遥巾、朱子幅巾、四周巾、浩然巾、荷叶巾等不同样式，既儒雅别致又不失个性化，受到宋朝士大夫阶层的追捧。

小巾也叫缁撮或束髻小巾，用尺幅很小的布制成，束在头顶的发髻上，后用布带系扎在发髻的根部，两脚自然后垂。《松荫论道图》《采薇图》中的人物便戴这种小巾。

逍遥巾是宋朝平民常用的一种头巾，类似于小包巾，只是有两脚垂于后背，取飘然之意。

朱子幅巾、四周巾和浩然巾是把布放在头顶上，从额前往后，用前面布的两角将头发包住系紧，后面两角及多余的部分自然垂下来，有的余幅垂至肩部，有的则垂至背部。浩然巾又叫"风帽"，双层布料制成，或中间絮以棉花，是御风挡寒的冬帽。

荷叶巾形似荷叶，两侧有细长的带子，或系扎，或直垂而下，颇有出尘隐逸的气质。

另外，在南宋佚名画作《消夏图》中还可以看到一种有裥褶的软巾，傅伯星先生在《大宋衣冠》中，把它称为"错摺巾"。

① 小巾　宋，佚名绘《松荫论道图》局部
② 逍遥巾　宋，佚名绘《十八学士图之画》局部
③ 朱子幅巾　宋，马兴祖（传）绘《香山九老图》局部

2. 硬裹巾

硬裹巾是通过折叠和缝制后有固定造型的幅巾，所以不用系扎，直接佩戴。硬裹巾样式多变且具有个性，宋朝还出现了诸多以名士大儒命名的硬裹巾，比如东坡巾、山谷巾、温公帽、华阳巾、伊川帽、紫阳巾等，此外还有仙桃巾、一字巾等以外形命名的硬裹巾。

东坡巾，又名东坡帽、乌角巾、子瞻帽等，呈四棱方正形，棱角突出，内外有四墙。

山谷巾为书法家黄山谷所戴，温公帽为史学家司马光所戴，具体样式暂不明确。

华阳巾属于隐士逸人戴的纱罗头巾，相传为唐朝诗人顾况所创制。顾况晚年隐居山林，常戴此巾，其号华阳山人，因此得名。

伊川帽，又叫程子巾，为理学家程颐所戴。

紫阳巾之名来源于朱熹。朱熹居崇安时，厅堂匾额称"紫阳书堂"，故有朱紫阳之称，后遂泛称读书人所戴之巾为紫阳巾。

仙桃巾是似桃形、上窄下宽的巾子，又有单桃、二桃并列之分。并桃冠、并桃巾在唐朝已出现，随着宋朝道教文化的流行逐渐形成风尚。桃在道教中为"仙木"，可以辟邪镇宅，所以仙桃巾、并桃巾常与鹤氅等道教服饰搭配。宋朝蔡伸在《小垂山》中写道："鹤氅并桃冠，新装好，风韵愈飘然"，折射出道教文化对宋朝服饰风尚的影响。

一字巾是形状扁平，戴在头顶，形如"一"字的硬裹巾。在南宋刘松年的《中兴四将图》中，韩世忠即戴"一字巾"。宋朝洪迈在《夷坚志·夷坚甲志·卷一》中记述："韩郡王既解枢柄，逍遥家居，常顶一字巾，跨骏骡，周游湖山之间。"即韩世忠卸任后，常戴一字巾游山玩水。

除此以外，《人物图》中的儒士戴的纱帽巾，以漆纱制成，轻盈凉爽。在宋朝画作中，还有多种样式的纱帽巾，具体名字暂无考证。不同的样式不仅是戴帽者身份特征的标识，而且是其审美意趣、情怀追求的体现。

① 东坡巾　宋，刘松年绘《撵茶图》局部
② 硬裹巾　五代，顾闳中绘《韩熙载夜宴图》局部
③ 并桃巾　宋，佚名绘《十八学士图之棋》局部

3. 巾环

　　纱帽巾有固定的造型，脱戴方便，而传统的方巾是直接在头上裹扎出造型。那么，如何固定造型以及调节头巾的松紧呢？

　　就像现代的丝巾扣一样，宋朝也有专门用来固定头巾造型的配件——巾环。宋朝与明朝是巾帽类首服盛行的时代，巾环也应运而生，并且有圆形、方形、竹节形、连珠形等多种样式。巾环一般有两个，缝缀在头巾的两侧，两边的环上穿上绳子，再在头顶系在一起，使得头巾更加稳固，又方便调节头巾绑带的松紧。

　　由于巾环在头巾的突出位置，爱美的宋人也很重视其装饰功能，有经济实力的达官显贵、文人雅士用玉、金、银等材料，制作出兼具实用性与装饰性的精美巾环。收藏于中国国家博物馆的鸟衔花巾环，双面透雕绶带鸟栖息回首衔荷花，鸟足与所立莲梗恰好留出穿带用的大孔，巧妙自然。

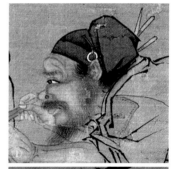

① 圆形巾环　宋，李唐绘《灸艾图》局部
② 圆形巾环　宋，佚名绘《杂剧〈打花鼓〉》局部

三、男子的内衣

1. 抱肚

　　抱肚，即肚兜，是最贴身穿的上衣。一般抱肚是男女都可穿着的内衣，而抹胸则只指代女子内衣。南宋赵伯澐墓出土了一件素绢抱肚，上窄下宽，上部有两个系带系在后脖颈，下面两根系带在后腰系扎。常州周塘桥宋墓也出土了一件抱肚，形式为一块矩形的布，在颈部、身体两侧做了折角处理，缝缀系带。宋朝有按季节颁赐官服的制度，在赐服中就有"绣抱肚""绢汉衫"等内衣。

▲ 米色绢抹胸
常州周塘桥宋墓出土

2. 犊鼻裈

　　南宋赵伯澐墓还出土了犊鼻裈，是一种有裆的三角内裤。犊鼻裈上宽下窄，很是短小，且两边开口，看起来就像是牛鼻子一样，故称"犊鼻裈"。

▲ 犊鼻裈形制示意图
根据南宋赵伯澐墓出土文物绘制

小贴士　男生如何根据气质选汉服？

儒雅男士可以选择直裰、襕衫、朱子深衣，潇洒男士可以选择圆领袍、半臂衫，气质沉静的男士可以选择长衫外搭褙子、上衣下裳外搭鹤氅，更显得风度翩翩。在较为正式的场合，可以选择公服搭配直脚幞头、革带、皂靴。

场景十三　宋徽宗的古琴独奏

翌日，官家暂放下"剪不断，理还乱"的扰人政事，踱步至东御园。见苍松郁茂，翠竹影动，遂起操缦之兴。备琴罢，又宣两位臣子与其同坐共赏。官家头戴玉发冠，上衣白色交领，下裳掩衣，穿白袜皂履，又外罩皂缘鹤氅。低首凝神，轻拢慢捻，道骨仙风，气韵不凡。

二臣子静坐聆听，均戴垂脚幞头、穿公服、束銙带，足穿白履，一人俯首侧坐，一人仰首倾听，神态专注恭谨。琴声袅袅，松风谡谡，幽人对坐，翩思于天地之间。

▲　宋，赵佶绘《听琴图》局部

一、仙风道骨的鹤氅

《听琴图》中的宋徽宗身穿颇具魏晋遗风的上衣下裳，外罩鹤氅，以玉冠束发，颇有隐逸旷达之气韵。鹤氅，是中国古代隐士、仙人、道士或文人雅士所穿服装，古时用鹤羽捻线织成面料，做成衣身宽长曳地的衣服，披于身上。宋朝文人士儒用布裁制鹤氅，里面搭配上衣下裳或者长衫，作为燕居服装，休闲舒适又不失超然气质。

　　从南宋林庭珪的《五百罗汉之经典奇瑞图》中道士的形象可以看出，宋式鹤氅衣长至足踝处，大袖垂地，鹤氅下摆有接襕，衣身两侧有裥褶，胸前衣襟处有衿带系束，宽博飘逸。鹤氅在宋朝的流行，是宋人慕道之风的缩影，也是士大夫们逍遥自在性情的体现。

▲　穿鹤氅的道士
宋，林庭珪绘《五百罗汉之经典奇瑞图》局部

▲　鹤氅　宋，赵佶绘《听琴图》局部

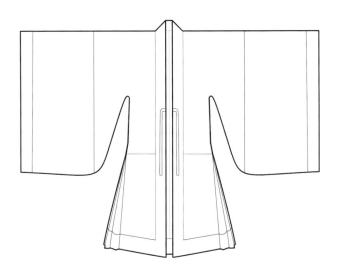

▲　宋式鹤氅形制示意图　根据绘画资料推测绘制

襦裙＋鹤氅的穿搭展示

试看披鹤氅，仍是谪仙人。
——宋，苏轼《临江仙·赠王友道》

◀ 仙风道骨的襦裙＋鹤氅穿搭

● 江城子的今日穿搭：
白绸交领上襦＋茶褐色褶裙＋
皂色缘边驼褐色鹤氅＋云头履

● 发型配饰：
莲瓣形白玉发冠
发冠参考首都博物馆馆藏宋朝白玉发
冠绘制

二、男子的发饰

1. 发簪

　　男子用的发簪一般比女子用的长一些，簪头纹饰简洁，更注重实用性。男子的簪常用玉、骨、竹制成，除了直接固定发髻以外，还用于固定小的发冠。

▲ 宋朝玉笄　　　▲ 南宋龙头金发簪

2. 发冠

　　宋朝的士大夫们闲居时还喜欢戴一种束发的小冠，也叫"矮冠"，佩戴时需要用玉簪或金属簪固定在发髻上，横插的簪子叫卯酉簪，竖插的簪子叫子午簪。发冠可以单独佩戴，也可以在小冠上再加以巾、帽等，称为"重戴"。

　　从目前流传下来的实物可以看出，宋朝常见的玉冠有两种类型，一种是莲花冠，一种是类似"梁冠"形象的小冠。君子比德如玉，荷花出淤泥而不染，莲花玉冠寓意君子高洁的品性，也是身份和地位的象征。

① 发冠配子午簪　宋，刘松年绘《撵茶图》局部
② 发冠配子午簪　宋，赵佶绘《听琴图》局部
③ 小"梁冠"配卯酉簪　宋，佚名绘《十八学士图》局部
④ 内戴莲花冠外加纱帽巾的"重戴"　宋，佚名绘《人物图》局部
⑤ 莲花发冠
⑥ 梁冠式发冠

3. 簪花

簪花由来已久，到了宋朝尤为流行，宋人不仅可以佩戴当季的鲜花，而且可以购买市场上用罗、绢等布帛制作的仿生花。男子簪花不仅是一种民间习俗，是士大夫崇尚自然的尚雅之风的表达，而且是一种礼仪制度。

在圣节庆寿、立春入贺、赐宴祭祀等重大场合，戴花是群臣都要遵守的程序。此外皇帝宴饮赏花时，还会将好看的鲜花赐给大臣簪戴，宋高宗甚至对簪花赏赐进行了更为细致的划分，明确规定"臣僚花朵各依官序赐之"，规定百官戴罗花，禁卫、诸色祗应人只能用绢花，规矩繁多。

① 簪花的货郎　宋，苏汉臣绘《货郎图》局部
② 簪花的田官　宋，刘履中绘《田畯醉归图》局部
③ 簪花的文人　宋，李公麟绘《商山四皓会昌九老图》局部

三、男子的裙与裤

在古代，穿裙子不是女子的专属，男子也穿裙，也有百褶裙、百迭裙之分，其穿着方式与女子类似，常配以衬裤穿着。出土的宋朝男子服饰中，裙类服饰也为数不少。

中上阶层的男士所穿裤装的面也也十分讲究，以纱、罗、绢、绸、绮、绫为多，并有平素纹、大提花、小提花等图案装饰，裤色以驼黄、棕、褐为主色。

男子的裤装除了裈、袴以外，还有一种"胫衣"。宋朝诗人陆游的《梅市暮归》中有诗句云："云生湿行滕，风细掠醉颊"，这里的"行滕"是指包裹小腿的胫衣。常州周塘桥宋墓出土的行滕下缝有套带，这样穿鞋时，行滕就会更加服帖。

▲　深褐色纱百迭裙
常州周塘桥宋墓出土

▲　棕色绢平口开裆裤
常州周塘桥宋墓出土

◄　米色绢行縢
常州周塘桥宋墓出土

小贴士　男生穿汉服，可以留短发、戴眼镜吗？

　　汉服不是文物，是历经朝代更迭的服饰体系，每个朝代在其特定的社会经济和文化背景之下都会产生不同的服饰风貌。现代人穿着汉服，当然也可以有现代的精神面貌，汉服融入现代生活场景，是其能够不断发展与融合的路径所在。

场景十四　春日里的老友露营

是日春宴，天朗气清，惠风和畅。众人欢聚，奏乐烹茶，畅谈吟诗，渐放浪形骸，不知宇宙之大。众官人皆休闲装打扮，服饰形制、颜色各异，人人慵懒洒脱，恍如隐士。

一人伸懒腰弯如弓，神情似有酣畅之意，只见他戴着垂脚幞头，身着浅色褙子，两侧开衩，有深色缘边，腰间系勒帛，内穿白色中单、裤，脚着白履。一人凭栏观鹅，亦戴垂脚幞头，穿白色圆领袍，腰间系带，着白履。其余众人皆穿褙子、圆领袍，或题诗作赋，或醉意酩酊，俯仰之间，怡然自得。

▲ 宋，佚名绘《春宴图》局部

一、宋朝男款褙子

从前文可知，宋朝女子所穿的褙子是一种外衣，直领对襟，左右腋下开衩。男子的褙子在形制和穿用方式上与女子褙子有哪些不同呢？

1. 基本形制

根据相关文献记述，结合宋朝绢本画、壁画、砖雕等图像资料，宋朝男子褙子常见三种款式：直领对襟、斜领交襟以及盘领交襟，以直领对襟最常见，斜领交襟次之。

（1）直领对襟褙子。

直领对襟褙子两侧腋下开高衩，根据《演繁露》卷三记载，"慕古者"会在腋下缀上带子，但是并不系结，只起到垂坠飘曳的装饰作用，主要为了仿古中单交带的形式，有"好古存旧"之意，穿时罩在外面，一般散腰穿着不束勒帛。

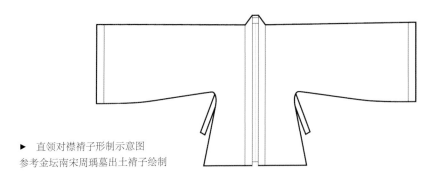

▶　直领对襟褙子形制示意图
参考金坛南宋周瑀墓出土褙子绘制

（2）斜领交襟褙子。

《演繁露》卷八记载："裘，即如今之道服也。斜领交裾，与今长背子略同。"可见，宋朝也有与道服类似的斜领交裾褙子。斜领交襟褙子为斜领大襟，衣身长至脚踝，两侧开高衩，腋下可以有系带，也可以没有，同直领对襟褙子一样，腋下垂带是所谓"慕古者"的偏好。

斜领交襟褙子有两种袖型，一种袖型较阔，长至肘部，如北宋赵佶《文会图》中官员文人所穿服式，一般作为罩衫穿在中单或衫外面；一种是较窄的长袖，在《清明上河图》中可以看到这种褙子。

此外，长袖的斜领交襟褙子还可以作为公服、鹤氅等服饰的衬服穿着，正如《演繁露》记述，"今人服公裳，必中以背子"。斜领交襟褙子可以腰束勒帛，也可以不系。在《春宴图》中的男子身穿褙子，腰束勒帛，而在《清明上河图》中的男子则不束腰。

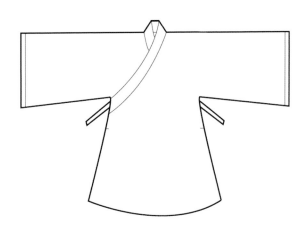

▲　斜领交襟褙子形制示意图　根据宋朝画作推测绘制

◀　斜领交襟褙子　宋，佚名绘《春宴图》局部

青衫初入九重城，结友尽豪英。

——宋，陆游《诉衷情·青衫初入九重城》

▶

男子的斜领交襟褙子＋百迭裙穿搭

● 江城子的今日穿搭：

素罗斜领交襟褙子＋黛青色百迭裙＋平头鞋

● 发型配饰：

巾帻＋圆形玉巾环

（3）盘领交襟褙子。

陆游《老学庵笔记》载："往时执政签书文字卒
着帽，衣盘领紫背子，至宣和犹不变也……背子背及
腋下，皆垂带。长老言，背子率以紫勒帛系之，散腰
则谓之不敬。至蔡太师为相，始去勒帛。"由此可见，
盘领交襟褙子多为官吏穿着，具体形制暂不可考，根
据褙子的特征，推测其形制为圆领、两侧开衩，腰间
可以束勒帛，也可以不束带。

2. 穿用场合

宋朝男款褙子的应用范围比较广，上至帝王将相、
下至商贾仪卫均可穿着。盘领交襟褙子多为官吏穿着，
直领对襟与斜领交襟褙子则是文官士人、平民百姓均
可以穿着的便服。

女款褙子不仅应用于劳作、出行等日常场合，而
且可以作为正式场合的礼服。而男款褙子并不具备礼
服属性，只是作为燕居会客时的便服或是穿在里面的
衬服。

▲　身穿斜领交襟褙子、腰束勒帛的
男子　宋，佚名绘《春宴图》局部

🌀 二、男子的圆领袍

宋朝男子圆领袍的统一形制特征是圆领、右衽，有大袖广身和窄袖紧身之分，有加横
襕与不加横襕之分，也有单、夹、绵袍之分。

宋朝裁制袍服所用的质料多样，主要有锦、宫锦、纱、罗、苎麻、粗绸等。

锦是高级丝织品的一种，色彩华美，极为珍贵，所以用彩锦裁制的锦袍自然被视为珍
品，朝廷常常以其作为赏赐送给大臣或外邦。

"宫锦加诸白布襦""宫锦袍熏水麝香"……宫锦是特制或仿造宫样所制的锦缎，用
宫锦裁制的袍服称宫锦袍，多是达官贵人穿用。

纱、罗都是轻薄透气的面料，常用于夏季服饰，可以用来裁制官员公服，同时士庶阶
层也喜欢用纱、罗制作常服和便服，既凉爽消暑，又清新飘逸。

以苎麻制成的布袍以及用粗绸布制成的绨袍，多是平民穿用，文人墨客日常也喜欢身
着布袍，以此体现隐士风姿。

① 圆领襕袍 宋，佚名绘《八相图》局部
② 窄袖圆领袍（不加襕）宋，佚名绘《八相图》局部

三、男子的幞头

幞头由头巾演化而来，起初为软巾系裹，佩戴时需要临时系扎。到了中晚唐，开始用漆纱制作，有了可以固定造型的硬裹幞头。宋朝佩戴幞头之风盛行，根据《东京梦华录》《梦粱录》等书的记载，在当时南北各地的许多街坊，都有售卖幞头的店铺，甚至有专门修理幞头的摊贩。

宋朝幞头内衬木骨，外罩漆纱，宋人称之为"幞头帽子"，脱戴方便。宋朝不止使用黑色幞头，在宴饮、典礼等隆重场合，也可以佩戴鲜艳的幞头。有些幞头上还用金色丝线盘成各式各样的图案来装饰，名叫"生色销金花样幞头"。

幞头样式也有多种，沈括在《梦溪笔谈》卷一提到："本朝幞头有直脚、局脚、交脚、朝天、顺风，凡五等，唯直脚贵贱通服之。"除此以外，还有垂脚幞头、牛耳幞头、簇花幞头、无脚幞头等。不同样式的幞头也有对应的佩戴场合与人群，只有直脚幞头不分贵贱，上下通用。

1. 垂脚幞头

垂脚幞头是在唐朝软裹幞头基础上发展演变出来的硬脚幞头，帽后的两脚以铁丝、琴弦、竹篾等硬质材料为骨架，制成两个形如"八"字的硬脚，外蒙漆纱。

2. 直脚幞头

直脚幞头是最富有宋朝特色的首服，又叫"展脚幞头""平脚幞头""舒脚幞头"等。虽然直脚幞头上至皇帝、下至平民百姓都可以戴，但是帽翅的长短有讲究。百姓所戴幞头的帽翅长度不得超过二寸五分（约 7.7 厘米），而皇帝官员所戴幞头帽翅长达一尺多甚至两尺（约 32 至 63 厘米）以上，由此可见直脚幞头帽翅的长短具有身份等级的象征。

3. 局脚幞头

局脚幞头根据两脚形态的不同又称"卷脚幞头""弓脚幞头""折脚幞头"和"曲脚幞头"，主要是卤簿仪卫和歌舞乐伎佩戴。两脚形态创新样式多，有的蜷曲向上，有的弯曲向前交叉，有的反折于下，没有固定造型。

4. 交脚幞头

交脚幞头，双脚朝上，两相交叉，可交叉于前，也可以交叉于后。常见卤簿仪卫和歌舞乐伎佩戴。

5. 朝天幞头

朝天幞头出现于五代，宋朝沿用。两脚上翘，有的以一定弧度上翘，有的直直上翘，两脚冲天。在《女孝经图》以及山西开化寺壁画中可以看到戴这两种朝天幞头的侍卫与皇帝形象。

① 垂脚幞头 五代，顾闳中绘《韩熙载夜宴图》局部
② 直脚幞头 宋，佚名绘《护法天王图》局部
③ 局脚幞头 宋，佚名绘《歌乐图》局部
④ 朝天幞头 宋，刘松年（传）绘《十八学士图》局部

6. 顺风幞头

顺风幞头也是硬脚幞头，两脚呈圆形、方形、蕉叶形或椭圆形，左右两脚稍微向后合拢，有迎风之感，故称顺风幞头。

7. 牛耳幞头

牛耳幞头是局脚幞头的变形，因两脚形似牛耳得名，在宋朝多是乐伎优伶佩戴。

8. 簇花幞头

簇花幞头，又叫花脚幞头，在幞头两脚装饰罗花、绢花或鲜花。因幞头两脚样式不同，又有顺风簇花幞头、局脚簇花幞头等样式，也多是乐舞伶人佩戴。

9. 无脚幞头

无脚幞头即没有帽翅的幞头，以黑色漆纱制成，多是仪卫、胥隶佩戴。在宋朝的人物形象里，常见两种样式。一种无脚幞头有两层，内层硬胎圆顶，外层前部做一额檐，正中剖开，形成缺口，后部有一凹形山墙，山墙高于圆顶，形似"丫"字，所以也称"丫顶幞头"。另外一种在山西太原晋祠圣母殿内侍、宫女的彩塑中可以看到：有前后两层方顶，后面高而窄，前面低而宽，相当于没有帽翅的直脚幞头。

① 顺风幞头 五代，周文矩绘《文苑图》局部
② 簇花幞头 宋，佚名绘《歌乐图》局部
③ 无脚幞头 太原晋祠圣母殿彩塑

小贴士 男生怎么根据场合选汉服？

户外活动、日常逛街或者上课可以选方便行动的窄袖服饰，如窄袖圆领袍、窄袖褙子、窄袖衫、半臂，在较为正式的场合可以选择直裰、广袖圆领袍、襕衫、鹤氅，宋制婚礼上新郎的礼服可以选择公服。

场景十五　驸马家的西园雅集

昨日收到驸马王诜请帖，云："东坡先生，近日西园春色正佳，流水潺潺，风竹相吞。明日何不来西园一聚，挥毫泼墨，吟诗赋词，抚琴唱和，人间清欢，不过如此。"

闻说还邀请了吾弟苏辙、秦观、米芾、晁补之等雅士，待我速速整理容装出发。白色中单、裤、袜穿毕，再着白色皂缘直裰，腰系海棠形水晶绦带，脚穿皂履，戴上我"自制"的东坡巾，旷达浩然东坡居士是也。

今日众友人着装多直裰、阔袖交领、葛布皂缘，有魏晋贤士之遗风。宾主围坐桌前，或写诗作画，或题诗翻书，或说经畅谈，极享雅集之乐。

▲　宋，刘松年（传）绘
《西园雅集图》局部

一、直裰的形制

宋朝程大昌《演繁露》卷八记载："今世衣直掇为道服者，必本诸此也。"据宋朝赵彦卫《云麓漫钞》记载："古之中衣，即今僧寺行者直裰（duō）。"直裰起初多为僧、道穿着，到了两宋，以其儒雅的风格赢得了一众文人墨客的青睐，成为文人衣橱里必备的休闲便装。

直裰，斜领交襟，缘边阔袖，衣长及足，背有中缝直通下摆，腰间以绦带、勒帛系束。多用素纱、素绢、麻布及棉布等衣料制作，色彩以黑、白为主。

① 穿直裰的士人　宋，佚名绘《护法天王图》局部
② 穿直裰的文人　宋，刘松年绘《撵茶图》局部

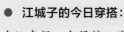

才子词人，自是白衣卿相。

——宋·柳永《鹤冲天·黄金榜上》

▶ 气质儒雅的直裰穿搭

直裰的穿搭展示

● **江城子的今日穿搭：**

白纻直裰＋白绢裤＋海棠
形水晶绦环＋平头鞋

● **发型配饰：**

东坡巾

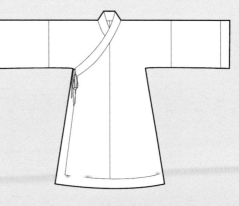

▲ 宋朝直裰形制示意图
参考绘画资料推测绘制

二、隐士的着装

"闲披短褐杖山藤，头不是僧心是僧"。短褐是一种以粗布或织麻布制成的粗陋之服，质地较为粗糙，一般为贫苦民众穿着，但隐逸山林的士大夫们也偏爱这种朴素的布衣，借以表达宁静淡泊的心境。

那些向往归隐的士大夫们，褪去锦衣公服，一如平民。他们穿着以布、麻、纱、葛制成的黑白素衣，竹杖芒鞋，徜徉在山林之间。当然，那些只是暂时归隐，还在等待契机出仕的士大夫，仍然身穿襕衫，头戴冠巾，保持着恭谨的形象。

三、男子的配饰

男子所戴的配饰，除了前文说的鱼袋、銙带等，还有勒帛、腹围、玉环绦带、锦囊荷包，均是围在腰间或挂在腰带上的饰物。

1. 勒帛

勒帛以绫、罗、绸、绉等织物制成，一般为红、紫二色，用来系束锦袍、抱肚、褙子等。布帛腰带一般用于便服，以士大夫身上最为常见。

▲ 系勒帛的男子　宋，佚名绘　　　　▲ 花草刺绣勒帛　宋，苏汉臣绘
《春宴图》局部　　　　　　　　　　《冬日婴戏图》局部

2. 腹围

腹围，是一种围腰、围腹的长幅帛巾，男女通用。其繁简不一，颜色以黄为贵，时称"腰上黄"。腹围通常以纳帛、彩帛为之，制为阔幅，四角圆裁，考究者施以彩绣，周围镶有边饰。使用时加在袍衫之外，由身后绕至身前，用革带、勒帛等系束。初施于武士，后文武官员、内侍宫女通用。

◀　腹围　元，钱选临摹苏汉臣《宋太祖蹴鞠图》局部

3. 玉环绦带

在宋朝画作《护法天王图》中有一位身穿直裰的文士，腰间系绦带，绦带上配有一块精美的水晶绦环，既闲适自在，又不失雅致，彰显了士大夫阶层淡泊清高的志趣。

这种配在绦带上的环在宋朝极为流行，且没有身份等级的限制，不论贫富贵贱皆可使用。根据现存实物，宋朝绦环多为和田玉、水晶等材质制成，常见的造型有椭圆壁形和海棠花形。此外，同巾环一样，宋朝的能工巧匠们将绦环的装饰性发挥到极致，雕琢出花鸟、龙纹、绳结纹等图案造型，将绘画与雕塑艺术完美融合，又兼具实用性。

根据《西湖老人繁胜录》记述，临安专营珠宝珍玩的"七宝社"便出售玉绦环，上至官宦雅士，下至差役小使，均对绦环青睐有加，这也体现出宋人沉静内敛的精神追求和审美意蕴。简朴素雅的服饰，配上一块清澈的水晶绦环，或是一块精雕细琢的玉绦环，所谓"被褐怀玉"不过如此吧。

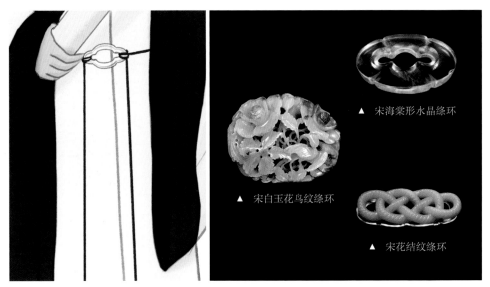

▲　宋海棠形水晶绦环

▲　宋白玉花鸟纹绦环

▲　宋花结纹绦环

▲　海棠形水晶绦带

4. 锦囊荷包

　　佩囊、锦囊、茄袋都是男子佩戴在腰间可以盛放钱币、文具等零星细物的口袋，佩囊多用布或皮制成，锦囊用织锦制成。茄袋又称"顺袋"，因其造型与北方的一种茄子相似，故名。

小贴士　男生拍汉服照时，怎样选择配饰？

　　穿直裰、襕衫、朱子深衣时，可选择气质文雅的物件，如折扇、书卷、画轴、纸笔等；穿圆领袍、半臂衫时，可选择英气、有运动感的物件，如刀剑、鞠球、马球球杆、弓箭、酒器等；穿长衫、褙子、鹤氅时，可选择油纸伞、书画、茶具以及笛、箫、古琴等传统乐器；穿公服时，可选择笏板。以上都不是标配，自己喜欢最重要。

场景十六　皇宫里的"升学宴"

今日，一众登第学子集聚在集英殿前，静等官家唱进士名。众学子服制统一，皆戴幞头、着襕衫，襕衫以白细布为之，圆领大袖，下施横襕为裳，腰间有襞（bì）积，下着白袜皂履或皂靴。皆谦恭肃立，亦有惴惴不安之态。

官家逐次唱名，各赐绿襕袍、白简、黄衬衫。唱名罢，官家赐琼林宴。琼楼绣阁，玉露珍馐，觥筹交错间，尽是学子挥斥方遒的家国抱负。

▲　宋，周季常、林庭珪绘《应身观音图》局部

一、寒窗苦读的"白襕衫"

襕衫，用白细布制作，圆领大袖，下施横襕为裳，腰间有襞积（打裥），是宋朝进士及国子生、州县生较为正式的常服。

圆领襕衫在唐朝就已盛行，宋制襕衫沿用了唐朝样式、服色等。学子们腰间束革、头戴黑色儒巾，可以搭配靴，也可以穿履。

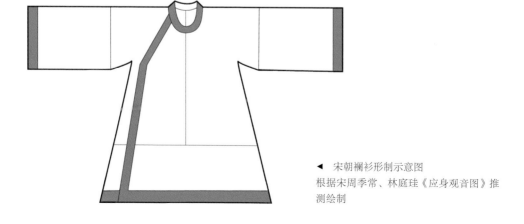

◀　宋朝襕衫形制示意图
根据宋周季常、林庭珪《应身观音图》推测绘制

襕衫的穿搭展示

利市襕衫抛白纻，风流名纸写红笺。

——宋，王禹偁《寄砀山主簿朱九龄》

▼
文质彬彬的白襕衫穿搭

● **江城子的今日穿搭：**

白绢中单＋白襕衫＋绦带＋
皂靴

● **发型配饰：**

儒巾

二、登科及第的"绿襕袍"

在宋人眼中，登科及第有五种荣耀，其中两种便表现在服饰形象的变化上，即"布衣而入，绿袍而出"以及头上簪戴"御宴赐花"。这里的"布衣"即文人尚未取得功名时所穿的白襕衫，而"绿袍"则为登科及第后官家所赐服饰。因此，"脱白挂绿"也成为文人寒窗苦读的终极理想。

宋朝王栐《燕翼诒谋录》卷一记载："是岁赐宴后五日癸酉，诏赐新进士并诸科人绿袍、靴、笏。"宋朝吴自牧《梦粱录》卷三"士人赴殿试唱名"条记载："伺候上御文德殿临轩唱名，进呈三魁试卷，天颜亲睹三魁……请入状元侍班处，更换所赐绿襕靴简。"又载："恩例各赐紫囊、金带、靴、笏"。由此我们可以推测，登科及第的前三甲应该是这样的装束：身穿八、九品官员的绿色襕袍公服，腰束鞓带，脚穿靴，手持槐木笏，头戴展脚幞头，鬓边或许还戴着官家赏赐的簪花。

三、宋朝男子的衫裙穿搭

衫在宋朝品种、衣式很多，根据领型可以分为交领衫、圆领衫、对襟衫，衣长有长有短，袖型有宽有窄。此外，男子的衫还有帽衫、凉衫及以颜色特征命名的紫衫。

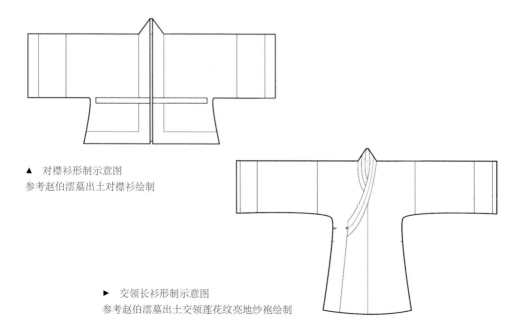

▲ 对襟衫形制示意图
参考赵伯澐墓出土对襟衫绘制

▶ 交领长衫形制示意图
参考赵伯澐墓出土交领莲花纹亮地纱袍绘制

衫裙的穿搭展示

偶然青衫五斗米，夺去黄柑千户侯。

——宋，黄庭坚《和世弼中秋月咏怀》

● 江城子的今日穿搭：

莲花暗纹交领衫＋绦带＋
黛青色百迭裙＋素罗对襟
衫＋平头鞋

● 发型配饰：

梁冠式青玉发冠

◀ 男子的衫裙穿搭

四、男子的鞋袜

宋朝鞋子种类样式多样。随着鞋履文化的发展，社会上开始出现专售鞋履的铺子。

从材料来说，有布鞋、皮鞋、草鞋、棕鞋、丝鞋、藤鞋、蒲鞋、木鞋、麻鞋、芒鞋、珠鞋等，士大夫阶层的鞋用料讲究、做工精细，多用罗、丝、缎等材质，而平民阶层多穿布鞋、麻鞋、草鞋等。从功能来说，又有暖鞋、凉鞋、雨鞋、睡鞋、拖鞋、钉鞋等。从造型上来分，主要有平头鞋、翘头履、方履、靴、编织鞋、木屐六类。

1. 平头鞋

同女子平头鞋一样，男子的平头鞋也是一种适用于不同阶层的日常鞋子，鞋头基本平缓无上翘，适合日常居家、外出活动时穿着。

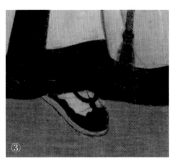

① 平头系带鞋　宋，刘松年绘《撵茶图》局部
② 平头鞋　宋，佚名绘《春宴图》局部
③ 平头鞋　宋，周季常、林庭珪绘《应身观音图》局部

2. 翘头履

翘头履，是鞋头带有装饰的鞋子，常用布或皮革制作，根据鞋头样式的不同，又有云头履、笏头履等款式。翘头履多为士大夫群体穿着，平民阶层多穿平头布鞋或草鞋等。

① 翘头履　宋，赵佶绘《听琴图》局部
② 翘头履　宋，佚名绘《槐荫消夏图》局部
③ 翘头履　宋，刘松年绘《撵茶图》局部

3. 方履

方履是一种布鞋，"方履圆冠无愧怍，西崑东观有光华""望故人阁上，依稀长剑方履"，从这些宋朝诗词中，可以看出方履也是男子的常见鞋子。目前尚未考证到宋朝方履的图像资料，可以从明朝方履中，看出宋朝方履的样式。

4. 靴

靴在宋朝十分盛行，主要流行于文武官员，女子骑乘时也有穿靴的。从文献记载来看，当时靴的品种较多，有朝靴、花靴、暖靴、乌皮靴等。朝靴是文武官员上朝时所穿的一种鞋。油靴为雨鞋，外刷桐油以防水。暖靴在冬季穿用，以皮革或锦缎为表，毡、毛为里，厚底高靿。

5. 编织鞋

编织鞋，是用韧性植物的叶子、茎或者线编织成形的鞋子，草鞋、芒鞋、蒲鞋、棕鞋、线鞋都属于编织鞋。因其价格低廉，又耐磨防滑，所以深受平民百姓的喜欢。"竹杖芒鞋轻胜马""芒鞋青竹杖，自挂百钱游"，有些士大夫也喜欢穿草鞋，并以此抒发淡泊豁达的情怀。

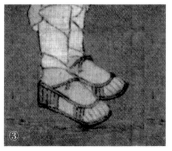

6. 木屐

宋朝的木屐不仅指带两齿的木底拖鞋，而且包括所有以木头做底的布鞋。南宋迁都后，由于南方潮湿多雨，汉人开始穿着木屐，因为木屐鞋底高，可以防水防潮。

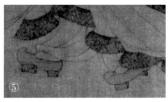

① 方履　参考明朝方履绘制
② 乌皮靴　五代，顾闳中绘《韩熙载夜宴图》局部
③ 蒲鞋　宋，苏汉臣绘《卖浆图》局部
④ 线鞋　宋，刘松年绘《撵茶图》局部
⑤ 木屐　宋，佚名绘《归去来辞图》局部

7. 袜

宋朝男子所穿之袜一般以比较厚实的布袜和皮袜为主。兜袜为一种布袜，它将数层布叠合在一起，周身用细线纳缝。因其厚实，可以防冻保暖，故用于秋冬两季。

此外，前文所提到的女子靸鞋、鸦头袜，男子应该同样可以穿用。

▲ 米色绢丝绵袜
常州周塘桥南宋墓出土

小贴士　男生穿汉服时，怎样搭配鞋子？

日常穿着汉服，可根据个人喜好搭配鞋子。这里说说偏向复原风格的鞋子搭配，穿圆领袍或者公服时可搭配皂靴，穿襕衫可搭配皂靴或翘头履、平头鞋，穿鹤氅、褙子、衫袄等其他服饰可根据喜好搭配翘头履、平头鞋。◈

 ## 场景十七　与官家的"高尔夫"时光

是日，官家宴请群臣，于柳荫下设案几，案上陈设瓜果菜肴、酒樽杯盏，诸贤士围坐案旁，或端坐私语，或持盏寒暄，意态闲雅。

世人皆知官家酷爱捶丸，不惜以金玉装饰球杆，以锦囊为球包。今日难得清闲，定要择友三五，依法捶丸，方不负这园林清胜之地。只见案边三人皆穿深灰半袖褙子，内着白色中单、裤。两人戴黑色幞头，一人戴黑色幅巾。另有一人装扮相似，手持藜杖，立于树下与身着鹤氅者行礼寒暄。此类半袖褙子，便身利事，闲适清凉，实为捶丸等运动之良配。

马球、蹴鞠、捶丸是宋人热衷的三大体育运动。那么，宋人参与体育运动时又是怎样的形象呢？有没有专门的"运动装"呢？

一、打马球时穿什么

▲ 宋，赵佶绘《文会图》局部

宋朝宫廷马球起于太平兴国六年（981），最先盛行于军队中。宋朝皇帝每年在举行隆重的庆典时，总要组织军队进行马球比赛。由于皇帝喜好马球，宫廷还有专门陪皇帝练球和供娱乐观赏的专业马球队——打球奉官队。

经历了从唐到宋的演变发展，宋朝马球服饰形制已具备较为程式化的特征。综合相关文献记载、砖雕、画像等历史资料，宋朝马球服饰的基本"程式"为：男子着窄袖缺胯圆领袍，腰间佩戴腹围然后束带，头戴折脚簪花、局脚簪花、顺风簇花等样式的幞头，脚穿乌皮靴、红靴，不同的队伍采用不同的服色，多为青、红、黄、紫、绯等鲜艳色彩；女子头戴珠翠，腰束腹围玉带，脚穿红靴，衣服制式同男子相似。

穿着紧身窄袖袍衫利于驰骋马上击球，脚着乌皮靴利于骑马踩蹬，不易脱落，保护小腿安全，这样的穿着打扮有十足的"运动范儿"。从宋人所绘《明皇击球图》中，可以窥见宋人打马球时的形容装束，感受酣畅淋漓的竞技氛围。

① 打马球的男子　宋，佚名绘《明皇击球图》局部
② 打马球的女子：身穿圆领袍、靴，头戴凤翅交脚幞头　宋，佚名绘《明皇击球图》局部
③ 宋朝打马球砖雕

🌀 二、蹴鞠时穿什么

　　《宋太祖蹴鞠图》描绘宋太祖赵匡胤、开封尹赵光义和近臣赵普等一起蹴鞠玩乐的情景。这幅画真实细致地呈现了贵族男子蹴鞠时的服饰：赵匡胤与赵光义头戴蓝色头巾，身穿翻领窄袖开胯袍，腰间以腹围扎起，袍衫前襟掖在腹围里，下身穿裤，脚穿褐色履。画面左侧上下两位近臣头戴无脚幞头，身穿右衽翻领袍，前襟掖起，下亦着裤，束腹围，脚穿褐色履。

　　从宋朝马远的《蹴鞠图》中，也可以看到类似的蹴鞠男子形象：头裹头巾，前襟扎起，脚穿尖窄的鞋子。

　　头巾、无脚幞头、窄袖开胯袍、掖起的前襟、尖窄的鞋履，这样的穿着简单利落，方便蹴鞠中腿脚的活动。蹴鞠也是宋朝民间流行的运动，不同的人、不同的场合所穿服饰必然不同，但不变的是"便身利事"的原则。

▲　蹴鞠时的场景　元，钱选临摹苏汉臣《宋太祖蹴鞠图》局部

半
袖
褙
子
的
穿
搭
展
示

纫丝作长带，匝胜茱萸纹。

冉冉仍垂绅，绫绫自有薰。

——宋·梅尧臣《李庭老许遗结丝勒帛》

● **江城子的今日穿搭：**
白绢中单＋鸦青色斜领交
襟半袖褙子＋素罗勒帛＋
平头罗鞋

● **发型配饰：**
垂脚幞头

▶ 简便利索的运动穿搭

▶ 斜领交襟半袖褙子形制示意图
根据《文会图》推测绘制

三、"高尔夫"运动装

在宋朝，捶丸由上层阶级逐渐普及至平民百姓，成了一项老少皆宜的体育运动。根据《丸经》记载，捶丸的场地要凹凸不平，设球穴，跟现代的高尔夫极为相似。相比于马球和蹴鞠，捶丸更适合一些体力欠佳的文人，也是一项更为儒雅的运动。

明朝尤求所作《秋宴图》呈现的就是捶丸的场景。从图中可以看出他们捶丸时所穿的半袖衫与《文会图》中的半袖褙子类似，里层穿衫，脚穿乌皮靴，腰间以勒帛束扎，下摆系在勒帛上，头戴软裹幞头，两袖口用绳带系扎以便于活动。

半袖褙子在保暖和丰富穿衣层次的基础上，比长袖衫更加便捷，利于活动，非常适合从事体育活动时穿着。另外，在《梧阴清暇图》中，还有单穿半袖衫的男子，将衫束在裙内，这应该是夏季宅家时的清凉装扮。

① 捶丸场景 明，尤求绘《秋宴图》局部
② 捶丸的男子 宋，赵佶绘《文会图》局部
③ 单穿半袖衫的男子 宋，佚名绘《梧阴清暇图》局部

小贴士　有适合穿着打篮球、踢足球的汉服吗？

参考宋人的"运动装扮"，现代运动男孩可以这样搭配汉服：窄袖圆领袍搭配裤装，腰束革带，脚穿皂靴（可换成舒适的运动鞋），再配上一副护腕，就是球场上最靓的汉服少年。另外，交领长衫搭配半臂衫，再搭配一副护腕将袖口束起，也是妥妥的汉风"运动装"。

场景十八　大雪天的围炉煮茶

凄凄岁暮，皑皑雪降，临安城银装素裹，颇显静好。此时若能与故友围炉把酒言欢，实乃人生之美事。遂换上御寒之衣，先穿牙色交领长袄，下穿绵裤、灰褐色夹裙，又外披工字纹锦缎夹绵袄，头戴蓝底泥金梅花风帽，脚穿木屐。穿戴完毕，出门登舟而上，沿路苍松翠竹、乡野茅舍均为皑雪覆盖，寒气袭人。行至友人村舍，系舟而上，临窗对坐，举杯换盏，真可谓一杯浊酒笑红尘。

男子的冬装与女子冬装类似，一方面穿双层的夹衣、夹裤、夹袍或填充丝绵的绵衣绵裤来保暖，另一方面通过服饰的多层叠穿来保暖。除此以外，有身份地位、经济条件的人，还可以穿锦袄、裘衣来御寒。

▲　宋，夏圭绘《雪堂客话图》局部

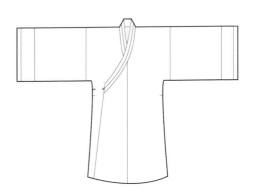

▲　交领长袄形制示意图
根据赵伯澐墓出土长袄绘制

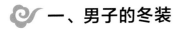 一、男子的冬装

1. 锦袄

锦袄，就是用织锦制作的袄。织锦是一种珍贵丝织品，多是达官显贵和富商大贾穿用，一般平民多穿苎麻、葛布袄。

根据《东京梦华录》记载，朝廷每年会按照品级分送臣僚袄子锦，共计七等，发给所有高级官吏，不同的等级赐不同花纹的锦。如翠毛、宜男、云雁细锦、狮子、练雀、宝照大花锦、宝照中等花锦，另有毬路、柿红龟背、锁子诸锦。

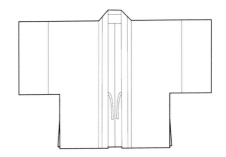

▲　对襟袄形制示意图
参考赵伯澐墓出土对襟缠枝葡萄纹绫袄绘制

袄的穿搭展示

天近祆知雨露浓。湖山无日不春风。

——宋，林淳《鹧鸪天·西湖》

● **江城子的今日穿搭：**

绾色交领夹衣＋素绢百迭夹裙＋
流云纹织锦旋袄＋木屐

木屐参考宋佚名《归去来辞图》绘制，
旋袄形制根据相关文字记载推测绘制

● **发型配饰：**

印金梅花风帽

冬季出行的保暖穿搭（一）

雨巾风帽，昔追游、谁念旧踪迹。

——宋·陈三聘《梦玉人引》

● **江城子的今日穿搭：**

牙色素缎长袄＋素绢百迭裙＋工
字纹锦缎夹绵袄＋木屐

木屐参考宋佚名《归去来辞图》绘制

● **发型配饰：**

印金梅花风帽

冬季出行的保暖穿搭（二）

2. 裘衣

裘衣，即裘皮大衣，是用鞣制后的羊、兔、狐、獭、貂等动物皮毛制成的皮衣，保暖性能好。裘皮轻便耐用，华丽高贵，是财富与地位的象征。苏轼词句"锦帽貂裘"的"貂裘"就是用貂皮制作的皮衣，一般普通百姓多穿猪皮、犬皮等制的相对廉价的裘衣。

二、冬季的暖帽——风帽

风帽，又叫浩然巾，是宋朝男子首服。这种冬日外出时用以挡风尘、御寒冷的软帽，以布帛作面，用毛皮或丝绵、布帛作夹里。宋朝风帽上半部分成一体，下半部分由左、右、后三块组成，佩戴时帽顶遮住前额，左右两片护住两颊及下颌，后片护住后颈。从宋朝绘画与诗词作品中，均能看到风帽的出现，如宋人范成大诗："灯市凄清灯火稀，雨巾风帽笑归迟。"

▲ 戴风帽出行的人
宋，刘松年绘《四景山水图》局部

▲ 穿冬装戴风帽的人
宋，李唐（传）绘《山斋赏月图》局部

三、宋朝的纽扣

虽然"无扣系带"是我们常说的汉民族传统服饰的特征，但是早在宋朝，衣服上已经出现了固定衣襟的纽襻。黄岩出土的南宋交领莲花纹亮地纱袍呈深褐色，领口、袖口衬以宽边的淡黄色素绫，右衽的斜襟处有一对纽子、纽襻，以作衣襟固定之用。此外，德安周氏墓出土的服饰中，也有纽襻的出现。

① 圆领袍上的纽襻　五代，周文矩绘《文苑图》局部
②③ 南宋交领莲花纹亮地纱袍上的纽襻与纽子

小贴士　情侣汉服怎么选才能更加般配？

　　情侣汉服想要般配，建议从两个方面考虑。一是"协调"，两人最好选同一个朝代的汉服款式，然后掌握好礼服和常服的对应关系，最好同时穿礼服或同时穿常服，此外，衣服的质料也要协调，华丽锦缎与葛布棉麻很难般配。二是"搭配"，这里主要说色彩的搭配组合，最好选择饱和度相近的男女汉服，在色系上，既可以选择同色系，也可以选择撞色的颜色搭配。◈

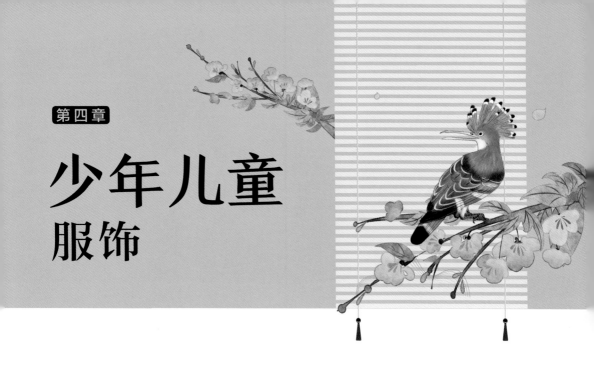

第四章

少年儿童
服饰

婴戏图是宋朝人物画的重要题材之一，本章以宋朝"婴戏"主题画作为素材，梳理儿童四季的服饰装扮。

 ## 场景十九　仲夏捉迷藏

仲夏傍晚，蛙叫蜇鸣，梧桐树下有四小儿捉迷藏。他们蹑手蹑脚、屏气凝神，甚是有趣。四童子均是消夏装扮，一童子只穿抱腹，其余三人均穿皂领素纱半袖衫子，下穿裤，配赤、蓝色鞋，手上戴金镯。四人皆剃发，只留一撮头发于头顶前或偏左位置，再以绳结之，伶俐可爱。

▶ 宋，赵佶（传）绘《童戏图》局部

☁ 一、儿童的夏装

1. 短衫

　　短衫是儿童在夏季的常用服饰，有半合领对襟、直领对襟与斜领交襟之分，并有长袖、半袖、无袖之分，无袖的短衫也叫"背心"。短衫衣长一般不过膝，两侧开衩。夏季短衫的面料多用纱罗，面料轻薄透肤。短衫可以直接穿着，也可以搭配抱腹穿着。

① 合领对襟半袖衫　宋，赵佶（传）绘《童戏图》局部
② 斜领交襟衫　宋，佚名绘《蕉阴击球图》局部
③ 直领对襟衫　宋，苏汉臣绘《侲童傀儡图》局部

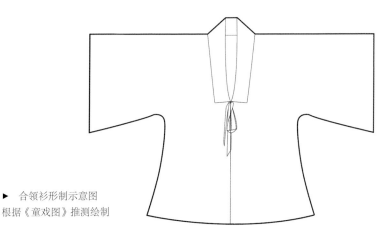

▶　合领衫形制示意图
　　根据《童戏图》推测绘制

今日掩留君按节，当时嬉戏我垂髫。

——宋，王安石《送崔左藏之广东》

● 小重山的今日穿搭：
茶褐色合领半袖纱罗衫 + 牙白色
绢裤 + 平头鞋

● 发型配饰：
垂髫 + 金镯 + 磨喝乐

◀ 儿童夏季的衫裤穿搭

2. 背裆

　　背裆与背心类似，均是无袖，区别在于背裆腋下不缝合，只用一根布条连接。这种设计，也更合乎儿童的身体和活动特征，对儿童的背部起到保暖作用。

　　这种背裆在成人中多为劳动阶层男子穿着，孩童穿着背裆的场合更加随性，玩耍、牧牛时均可穿。背裆在夏季多单独穿着，透气清凉且方便玩耍，是婴戏题材的宋画中常见的儿童夏季服饰，且均为男童所穿。背裆与背心在春秋季均可以穿在衫、袍等服饰内。

▲　穿红纱背裆的男童　宋，苏汉臣绘《婴戏图》局部

▲　儿童背裆形制示意图
根据宋苏汉臣《婴戏图》推测绘制

3. 抱腹

　　抱腹即肚兜，上端两头各缝缀一布条，穿戴时系结于颈后，底边两头也各缀有细带，系结于腰后，主要用于保护胸腹不受凉风侵袭。从传世的婴戏图中可以看出，抱腹可以单独穿着而不穿裤，也可以穿在背心、短衫之内。一般年龄较小的儿童还会穿一种抱腹与裤缝合成一体的衣服，如现藏于北京故宫博物院的《百子嬉春图》中的男童，即着此衣。

4. 衩袴

　　衩袴，即儿童的开裆裤，其形制与成人所穿的内衬开裆裤有所不同，左右两片在腰臀部不交叉，露出臀部。儿童可单独穿着衩袴，或在裤外加系腹围或"屁帘"以遮盖保暖。

5. 裤

宋朝童裤有长裤、短裤、开裆裤、合裆裤等类型，裤型与成人相近，但穿着形式与成人有显著区别。儿童的上衣较短小，童裤都显露在外，女童下装多为和男童一样的宽松长裤。

6. 裙

从传世《婴戏图》中的儿童服饰来看，宋朝儿童无论男女，多穿长裤，平日穿裙者较少。出现褶裥裙的画作有《宋人扑枣图》、李嵩《货郎图》，画中儿童所着褶裥裙相似，长及足上，裙头较宽，有时将上襦裹扎在裙内，腰头两端缀有细绳，穿着时沿腰包裹下身，后用绳带系结。

① 穿抱腹的孩童　宋，苏汉臣绘《百子嬉春图》局部
② 男童身穿白色衩袴　宋，陈宗训绘《秋庭婴戏图》局部
③ 身穿长裤的男童　宋，陈宗训绘《秋庭婴戏图》局部
④ 穿裙的女童　明，佚名绘《宋人扑枣图》局部

7. 腹围

孩童所着腹围一般为一长方形布片，围在腰间，包裹住臀部与腹部，上端与裤腰平齐，在宋朝婴戏图中出现较多。腹围可围在长衫的外面，起到装饰与防止衣服弄脏的作用，也可以直接围在裤子上面、衫子下面，起到保暖的作用。

▶　腹围　宋，佚名绘《小庭婴戏图》局部

二、男童发式盘点

宋朝的"婴戏"主题画中的儿童形象以男童居多，男童的发型更是五花八门，大概可以分为垂髫类与总角类，此外还有伶俐可爱的"蒲桃髻"。

1. 垂髫

"垂髫"是脑门上自然下垂的一撮或几撮毛发。民间认为胎发受生产污染需要剃去，因此垂髫之年的幼小儿童需剃头，只留一撮或几撮头发。"垂髫"也常用来代指儿童，如陶渊明《桃花源记》："黄发垂髫，并怡然自乐。"

▲　垂髫　宋，苏汉臣绘《灌佛戏婴图》局部

2. 总角

"总角"指儿童束扎起来的发式，按照束发位置、束发形式的不同又分偏顶、鹁角、辫子等类别。

（1）偏顶。

此发式盛行于南宋理宗时，将头顶周围的头发大部分剃去，仅于左侧留一片头发，大小约如一枚大铜钱，故名为"偏顶"。

（2）鹁角。

仅保留前发，其余剃去，用绳带束扎，叫鹁（bó）角。

① 鹁角　宋，苏汉臣绘《婴戏图》局部
② 鹁角　宋，苏汉臣绘《灌佛戏婴图》局部
③ 鹁角　宋，苏汉臣绘《长春百子图》局部

（3）辫子。

除了用绳带束发外，还可将头发扎成辫子。辫子是常见发式，个数不一，有时一个、两个，有时很多个。

① 辫子　宋，佚名绘《小庭婴戏图》局部
② 辫子　宋，苏汉臣绘《杂技戏孩图》局部
③ 辫子　宋，苏汉臣绘《灌佛戏婴图》局部

（4）多髻。

即多个发髻，常见的一种是在头顶以及左右各留一撮头发束扎成三个发髻，另外一种是将剃后剩余的头发束扎成若干个小髻，以丝缯系扎，为"满头髻"，意为"满头吉"，有吉祥寓意。

▶ 多髻　宋，苏汉臣绘《冬日婴戏图》局部

3. 蒲桃髻

据《中国服饰名物考》记载，"蒲桃髻"这种发式是将孩童头发编成十个小髻，每个小髻上扎一穗带，合为"十穗"，祈愿孩儿岁岁平安，茁壮成长，因小髻之多宛如成串葡萄，故称"蒲桃髻"。

▶ 蒲桃髻 宋，苏汉臣绘《婴戏图》局部

小贴士 **儿童汉服款式如何挑选?**

因小孩子活泼好动，故汉服款式选择以舒适方便为首要原则，可以首选上衣下裤、短款上衣配下裙的搭配。这里需要注意两点，一是袖子样式尽量选择窄袖或直袖，避免宽阔的大袖；二是裙子长度不能过长，以免影响活动或踩到裙摆给孩子造成伤害。

 场景二十 端午恶作剧

是日端午，大人们忙着准备节令食物，三个孩童在院子里玩耍，皆清凉装扮，手脚均佩戴应景饰品——蚌粉铃。一孩童穿红色抱腹，面带狡黠得意的笑容，他右手用绳系着蟾蜍，正要惊吓弟弟。弟弟蹲在地上，双手护头，害怕到颤抖。另一孩童穿绿色抱腹，后背挂着"绒线符牌"，一个箭步赶来，神情坚定，想要制止这场恶作剧。

▶ 宋，苏焯（传）绘《端阳戏婴图》局部

一、儿童的夏季穿搭

宋朝婴戏图中呈现的孩童夏季穿搭多种多样，轻快透气，搭配方式灵活。通过千年之前的儿童形象写真，我们可以看到宋朝孩童们的清凉穿搭。

① 男童身穿抱腹，下身仅用腹围遮掩　宋，苏焯（传）绘《端阳戏婴图》局部
② 男童上穿抱腹、前短后长半袖衫，下穿长裤、红色腹围　宋，佚名绘《小庭婴戏图》局部

二、天真有"鞋"

在表现成年人的人物画里，我们很难看到鞋子的全貌，因为曳地的长裙要么遮盖住整个鞋子，要么只露出鞋头。由于儿童服饰一般较为短小，所以在"婴戏"主题的画作里，我们得以看见童鞋的全貌。

整体来看，童鞋的样式与成人鞋无差，但孩童多穿平头鞋、翘头鞋，也有穿靴、云头履的；另外，童鞋多见比较亮丽的色彩，也有红、蓝、青、绿、黄等颜色的"拼色鞋"。

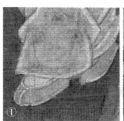

① 平头鞋　宋，佚名绘《小庭婴戏图》局部
② 平头鞋　宋，苏焯绘（传）《端阳戏婴图》局部
③ 平头鞋　宋，苏汉臣绘《小庭婴戏图》局部
④ 儿童的靴　宋，苏汉臣绘《货郎图》局部

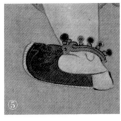

⑤　翘头鞋　宋，苏焯（传）绘《端阳戏婴图》局部
⑥　拼色鞋　宋，苏汉臣绘《灌佛戏婴图》局部
⑦　拼色翘头鞋　宋，苏汉臣绘《灌佛戏婴图》局部
⑧　云头鞋　宋，佚名绘《小庭婴戏图》局部

三、端午节饰品

端午在中国古代常被视为一年中最为凶恶的日子，每逢此日，人们要用各种办法避恶祛灾。儿童抵抗疾病的能力较弱，是社会中的弱小群体，因而人们会给儿童佩戴各种节令饰品以驱恶辟邪，保佑儿童的生命健康。

1. 绒线符牌

《端阳戏婴图》中穿绿色抱腹的孩童后背上戴着一个球形配饰，这是端午节的应景配饰——绒线符牌。这种佩戴习俗源自道教文化，认为符具有辟邪消灾的作用。

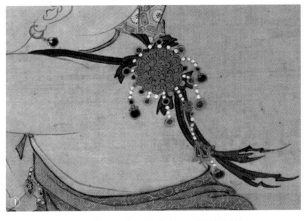

①　绒线符牌　宋，苏焯（传）绘《端阳戏婴图》局部
②　绒线符牌　宋，苏汉臣绘《灌佛戏婴图》局部

2. 蚌粉铃

《端阳戏婴图》三位男童手脚上均戴有缀着圆球的环，推测是《岁时杂记》中记载的端午应景饰品——蚌粉铃。《岁时杂记》记载："端五日，以蚌粉纳帛中，缀之以棉，若数珠，令小儿带之，以裹汗也。"宋人利用蚌粉吸汗的功能，将其制成饰品佩戴在儿童身上，可有效帮助儿童吸收汗液。

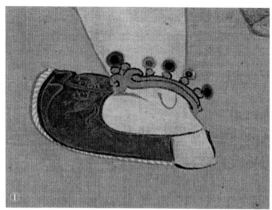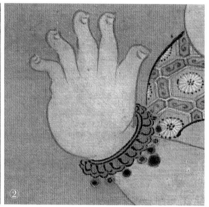

① ②　手脚上的蚌粉铃　宋，苏焯（传）绘《端阳戏婴图》局部

3. 百索

"百索"也是端午节最为重要的节令佩饰之一，由长命缕等五彩丝线组成，起到辟除鬼魅、防止人染上瘟病的作用。《西湖老人繁胜录》中记载："端午节，扑卖诸般百索，小儿荷戴系头子，或用彩线结，或用珠儿结。"儿童不只将百索缠绕在手臂上，也系于头上，用彩线或珠儿扎束。

4. 钗头符

钗头符是女孩子的端午饰品，用彩缯剪作小符儿，插戴于鬓髻之上，十分精巧美观。苏轼的《浣溪沙·端午》写道："彩线轻缠红玉臂，小符斜挂绿云鬟"，呈现了端午这天手臂缠着五彩丝线，头戴小符的女孩形象。

5. 石榴花

南宋王镃在《重午》中写道："丝丝梅雨湿榴花，处处钗符裹鬓鸦。"石榴花是端午的节令花卉，女孩们会把石榴花簪戴在头上。元朝方回在《生日戏歌》中写道："稚女簪榴花，小儿著艾虎。"

6. 艾虎

艾虎是用艾草编织或用艾叶剪成的虎形物件，在宋朝，每逢端午，家家户户悬挂艾虎，簪戴艾虎，以驱灾辟邪。《岁时杂记》云："端午以艾为虎形，至有如黑豆大者，或剪彩为小虎，粘艾叶以戴之。"

端午时节的夏季衣料上，还会织绣出艾虎、五毒等应景纹样，以此裁制成驱灾辟邪的"艾虎衣"。此外还有天师、金鸡、五瑞、龙舟等图案，被应用在各种应景的衣物、首饰、配饰上。

四、孩童的其他节日装扮

1. 七夕节——荷叶半臂

七夕是中国传统节日中的重要节日之一，不仅是女子乞巧祭拜的节日，而且是少男少女及儿童们出门游玩的日子。《武林旧事·占巧》载："小儿女多衣荷叶半臂，手执荷叶，效颦摩罗。"儿童在这天穿着荷叶半臂，手执新荷叶，效仿磨喝乐的样子。

磨喝乐是脱胎于宗教、流行于宋朝的一种民间辟邪祈福的泥塑，可以根据需要换穿各种款式、色彩的衣服，与如今的芭比娃娃类似，每逢"七夕"便大量上市。据《东京梦华录》《梦粱录》记载，七夕这天，市井街头满是售卖磨喝乐的摊贩，儿童穿着鲜丽的服饰，佩戴时令花卉，为节令注入活力与童趣。

2. 中秋节——正式着装

宋朝笔记小说《醉翁谈录》记载："倾城人家子女，不以贫富，自能行至十二三，皆以成人之服饰之，登楼或于中庭焚香拜月，各有所期。"

中秋节这天，宋人会在楼台或庭院里举行拜月、赏月仪式。在这样较为正式的场合，儿童不宜穿着便服，而是要换上成人样式的服饰进行祭拜，如长衫、褙子长裙、朱子深衣等。

3. 重阳节——茱萸、片糕

在重阳节，儿童跟大人一样插戴茱萸、菊花等时令节物。此外，重阳这天，天还没亮，大人们会将一块片糕搭在小儿的头上，寓意百事皆高，再无疾病侵袭。

4. 除夕——驱傩服饰

除夕自古至今都是人们最为重视的传统节日，宋朝的除夕夜，不管是皇宫还是民间都要举行驱傩活动。儿童们自然也会参与其中，他们模仿成人的傩舞，穿着戏剧服饰，进行表演与游戏，驱鬼的传统礼俗逐渐成为一种儿童自发的游戏活动。

此外，李嵩的《岁朝图》描绘了新年儿童在庭园燃放爆竹的画面：他们穿着绣花襦袄，点着爆竹，博戏不寐。女孩们则将节令风物剪彩，妆点于身上，以增添喜庆。由此可见，身穿绣花襦袄，头上簪戴剪彩，是孩童们的除夕盛装。

▶ 傩舞服饰　宋，苏汉臣（传）绘《婴戏图》局部

小贴士　小孩子穿汉服时，搭配什么鞋子？

首选绣花布鞋，翘头或者平头的都可以，最好是带鞋襻、大小合适、方便活动的。男孩子穿袍服时也可以选择靴子。其实，搭配日常的运动鞋、帆布鞋、小皮鞋都是可以的，不必拘泥于传统的范式。

 场景二十一　哥俩的球赛

傍晚时分，西花园内凉风习习，湖石芭蕉投射出一片荫凉，母亲与姐姐身穿褙子，正专注地看两位弟弟的"捶丸"球赛。哥哥身穿红色窄袖褙子，头戴黑色巾帻。弟弟身穿深灰色交领衫，下穿红色腹围、白色裤。两人聚精会神，仿佛决一胜负的时刻即将到来。

▶ 宋，佚名绘《蕉阴击球图》局部

一、小学生制服

《蕉阴击球图》中较为年长的男童，身穿及地长褙子，头戴巾帻，显得非常正式，像个"小大人"。学龄前儿童肆意玩耍，穿着以便捷舒适为准则。那么到了入学年纪的男童，他们的服饰又会有怎样的规范呢？

南宋朱熹编著《童蒙须知》，不仅提出了儿童在语言、读书、写字、饮食等方面的行为规范，而且对儿童服饰提出要求：男童从头至脚皆需紧束，头上扎以总角，腰间束以绦带，脚穿鞋袜，不可宽松散漫，否则会被视为失礼、不端严。

儿童入学后，服饰又有了更为细致严格的规定。朱熹的学生程端蒙及他的友生董铢共同编写了一本《程董二先生学则》，这本书规定入学男童在朝揖、会讲时需穿着深衣或凉衫，会食、会茶等其他场合穿着道服或褙子。

由此可见，上了小学的男孩穿着"缩小版"的士大夫之服，旨在以士人的言行举止、穿着打扮来规训、管理儿童的德行。在苏汉臣的《秋庭婴戏图》中，画面左侧较年长的少年身穿长衫，头戴纱帽巾，俨然"小儒士"的样子，画面右侧三位年纪尚幼的男童，身穿更便于活动的短衫和裤。

① 像大人一样身穿褙子、头戴巾帻的男童　宋，佚名绘《蕉阴击球图》局部
② 不同服饰的男童　宋，苏汉臣绘《秋庭婴戏图》局部

二、孩童的"礼服"

成人的礼服与常服有清晰的界线，且礼服有严格的规制。关于儿童的礼服没有专门的规定，但通过相关的记载可以看出，儿童的日常便服以合体舒适为主要功能要求，不受过多礼制束缚。在重要的礼仪场合，讲究的士庶人家会给孩子穿上与成人同款的缩小版服饰。因此，对于儿童来说，"穿成大人模样"便是他们较为正式的着装了。

三、男童的发饰

宋朝婴戏图中的男童多以"丝缯"束发，颜色多以红色为主。此外，也有在发髻上插一支短钗的男童形象。

▶ 男童头上的短钗与红丝缯
宋，苏汉臣绘《秋庭婴戏图》局部

小贴士 比较正式的儿童礼服可以选什么？

以宋制汉服为例，在较为正式的场合，男孩子可以穿朱子深衣、襕衫、圆领袍、褙子，女孩子可以穿上衣下裳的襦裙、衫裙或者再外加褙子。

 场景二十二 姐弟玩枣磨

深秋忽至，硕枣累累，最是制枣磨、玩枣磨的最佳时节。静谧庭园中，姐弟二人正围着螺钿漆墩上新制的枣磨玩耍。姐弟二人均穿衣裤，腰间束带。姐姐梳双髻，上穿交领白绫衫，两侧开衩，领缘镶印花装饰，以红帛带束扎，两鬟束总角，以红蓝珍珠丝缯系上。弟弟着红色对襟衫，白色中单、裤。

二人全神贯注，玩兴正浓，不远处散落着被厌弃的转盘、小佛塔等玩具，看样子喜新厌旧是古今儿童共同的天性呀。

▲ 宋，苏汉臣绘《秋庭婴戏图》局部

☁ 一、姐弟的秋装

　　《秋庭婴戏图》中姐姐身穿白色夹衣，两侧开衩，腰间以红色勒帛束扎，下穿白色裤装。弟弟内层穿白色衣裤，外搭红色对襟衫。孩童的上衣为修身窄袖，无袖头，方便活动玩耍。从服饰的制式、纹样、质感来看，这应该是富庶家庭的子弟，他们所穿的应该为双层的夹衣、绵衣等秋冬服饰。

☁ 二、女童的发型

　　宋代女童多梳丫髻，传世的婴戏图中表现女童的画作较少，从有限的女童形象来看，主要有双丫髻、三丫髻。宋代诗人陆游在《浣花女》中写道："江头女儿双髻丫，常随阿母供桑麻。"

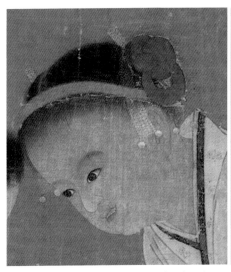

▲ 双丫髻　宋，苏汉臣绘《秋庭婴戏图》局部　　▲ 三丫髻　宋，苏汉臣绘《冬日婴戏图》局部

☁ 三、女童的发饰

1. 发带

　　从婴戏图中可以看出，发带是女童的常见发饰，多为长条状，以红色和蓝色为主，部分用珍珠、金线装饰。

庭院秋声落枣红，
拾来旋转戏儿童。

——乾隆题苏汉臣《秋庭婴戏图》

女孩的秋季穿搭

● **南乡子的今日穿搭：**

簇花暗纹交领袄衣 ┃ 红蝦勒帛 + 月白绢
夹裤 + 平头鞋

● **发型配饰：**

双丫髻 + 黛青色流苏发带 + 鎏金折股钗

2. 短钗

苏汉臣的《冬日婴戏图》中的女孩梳的就是三丫髻，插三支 U 形短钗，系红色发带，上垂珠串。

女童发饰造型简洁大方，重量较轻，佩戴方便，不仅有助于体现女孩的天真无邪、可爱单纯，而且与其头部的承重能力相适应。

小贴士　女宝宝穿汉服时，可以选什么发型？

考虑到小孩的承重能力，发型以简约为主，避免厚重的发包假发；发饰以简单轻便为主，尽量避免带长流苏的发饰，因流苏容易缠住孩子头发，而且在孩子活动过程中，也有被东西勾住造成伤害的风险。◈

 场景二十三　弟弟他怕猫

冬日庭园，假山堆叠，腊梅修竹，竞翠争芳。姐弟二人在戏逗狸奴，兴致盎然。

姐姐身穿交领深色镶边绵袍，形似直裰，腰系泥金花草纹红绸带，在顶额、两鬓结发髻，以印花缀珠红丝缯、鎏金折股钗固定装饰。她右手拿着方格旗，侧身而立，目不转睛。弟弟显然有些害怕，他躲在姐姐身后，身穿红边对襟袄，罩泥金红缘边貉袖，下穿白色裤，脚穿白袜皂履。头发结成多个发髻，以红丝缯束扎。

姐弟二人均睁大双眼，聚精会神地观察狸奴，天真无邪，颇有童趣。

▲ 宋，苏汉臣绘《冬日婴戏图》局部

一、孩童的冬装

1. 袍服

《冬日婴戏图》中女童所穿的袍服，长至足面，为窄袖紧身式、斜领交襟，领襟、袖口等处都有黑布缘边，腰间束勒帛，形制与成年男子所穿直裰极为相似。袍有单层，也有双层的夹袍，双层夹袍内里填充丝绵的绵袍。该图为冬季场景，推测图中女童所穿的为绵袍，袍内搭配有绵裤。

此外，在婴戏图中，也常见孩童身穿圆领袍，盘领交襟，两侧开衩，长及膝下，常搭配裤穿着，如《百子嬉春图》中的儿童。

▲　身穿圆领袍的儿童
宋，佚名绘《百子嬉春图》局部

2. 貉袖

《冬日婴戏图》中男童所穿的外层半袖服饰即为前文所讲的貉袖，直领对襟，长度到腰，两袖仅掩肘。图中男童所穿的貉袖应该是用织锦制作的，有夹里或填充丝绵，红色缘边上有印金彩绘的植物花卉纹样。

3. 袄

同成人一样，袄也是儿童的冬装。《冬日婴戏图》中的弟弟内穿碧色对襟袄，《百子嬉春图》中有身穿对襟袄、交领袄的儿童，《岁朝图》描绘了儿童在除夕于庭园燃放爆竹的画面：他们穿着绣花襦袄，点着爆竹，博戏不寐。

①②　穿交领袄与对襟袄的儿童　宋，佚名绘《百子嬉春图》局部

女孩的冬季穿搭展示

小德最怜渠，丹颊三髻丫。

——宋，洪咨夔《寄赵景周抚干二首》

▶ 女孩的冬季穿搭

● **南乡子的今日穿搭：**

皂缘交领素缎夹绵袍＋缠枝花草纹刺绣红勒帛＋白绢绵裤＋平头鞋

● **发型配饰：**

三丫髻＋花草纹刺绣缀珠发带＋鎏金折股钗

日长睡起无情思，闲看儿童捉柳花。

——宋，杨万里《闲居初夏午睡起》

● **小重山的今日穿搭：**

绛红缘边青缎袄＋球路纹提花
缎貉袖＋龟背纹绵裤＋平头鞋

● **发型配饰：**

满头髻＋红丝缯发绳＋金项圈

◀ 男孩的冬季穿搭

二、儿童服饰色彩

1. 男童服饰色彩

在传世的宋代婴戏图中，男童服饰色彩搭配对比强烈，明艳浓丽，且常见红与白的色彩组合。《冬日婴戏图》中的男童服饰配色为红、白、青碧色，《百子嬉春图》中的男童服饰颜色主要有石青、赭石、朱砂等。

2. 女童服饰色彩

女童服饰色彩总体上清新淡雅，柔和内敛，以白色、淡黄、淡绿、淡紫色、褐色等颜色为主。衣装清雅，不施朱粉，不戴华丽首饰，以此贴合宋代儒士心中温婉贤淑的女子形象。

三、乡村儿童服饰

乡村儿童的服饰在款式上与富贵人家的孩子基本相同，只是多用苎麻等相对廉价的面料，且没有过多装饰，也不佩戴项圈、手镯等饰品。李嵩《货郎图》呈现了乡村儿童形象：多数儿童上衣为交领衫或对襟衫，下半身着裤，衫外再着裙或系腹围。服饰面料质朴，制作工艺简单，与富贵人家的孩童形象截然不同。

① 乡村女童　宋，佚名绘《迎銮图》局部
②~④ 乡村儿童　宋，李嵩绘《货郎图》局部

小贴士　给宝宝买汉服，怎么挑选面料与工艺？

现代汉服的布料以棉、雪纺、丝、混纺纱、呢绒、绸缎为主，有的还加了少量的蕾丝。宝宝皮肤细嫩，化纤成分容易引起皮肤过敏，因此尽量选择天然的面料，如棉麻、丝、绸缎等。此外，尽量避免选带过多装饰、飘带、花边的汉服，如果做工欠佳，会出现装饰越多，质感反而越不好的情况，而且过多装饰也容易勾伤或绊倒宝宝，有安全隐患。

场景二十四　冬季踢"足球"

孟冬初至，寒气日盛。诸孩童都换上了冬衣冬帽。庭院梅树下，四位男童在蹴鞠热身。四人均穿交领长袄、绵裤，其中三位还穿了外衣御寒。四人所戴冬帽各有不同，一人戴彩色毡笠，一人戴蓝色风帽，另外两人戴"搭罗儿"，露出头顶的鹁角。四人玩得津津有味，仿佛忘记了严寒。

▶ 宋，苏汉臣绘《长春百子图》局部

一、儿童的首服

宋代儿童的首服，主要有笠帽、巾帻、抹额三类。此外还有一种顶部镂空的式样，名叫"搭罗儿"。

1. 笠帽

笠帽帽体呈斗笠形状，帽檐较斗笠窄，缘边缝缀皮毛，起到装饰与保暖作用。贵族阶层帽子材质讲究，更加强调装饰和身份象征，如前文提到的狸帽是用狐狸毛皮制作的暖帽，儿童亦可佩戴。

2. 巾帻

与成人相同，孩童所用巾帻也有"软裹巾"与"硬裹巾"之分。软裹巾没有固定造型，可以根据喜好与需求做出不同的样式，《长春百子图》中的风帽即是一种保暖的软裹巾。纱帽巾是常见的硬裹巾，有固定造型，用漆纱制作，清爽透气，适合夏季佩戴。

3. 抹额

抹额，也称额带、头箍、发箍、眉勒等，是束在额前的饰品。抹额最早是北方少数民族为保暖御寒束在额上的貂皮，随着时代变迁，其形制、材质也发生了变化。

4. 搭罗儿

搭罗儿是宋朝儿童在天气初凉时所戴的无顶小帽，盛行于江浙一带。其形制呈带状，用丝绸、锦缎或毛皮制作，服戴时束于额发上。

① 毡笠　宋，苏汉臣绘《长春百子图》局部
② 风帽　宋，苏汉臣绘《长春百子图》局部
③ 抹额　宋，苏汉臣绘《侲童傀儡图》局部
④ "如意"搭罗儿　宋，苏汉臣绘《长春百子图》局部

二、吉祥"百家衣"

苏汉臣的《长春百子图》中，有一位正在玩耍的男童身穿百家衣。"百家衣"又称"百衲衣"，是一种将碎布块缝缀在一起的拼布衣。

在婴儿诞生不久，家里亲属向邻居逐户索要小块布片，然后将其拼缀起来制成百家衣。在传统观念里，百家衣集百家的赠予，可以承百家福泽，祛病免灾，健康成长。虽然得来的布片大小、形状、颜色各异，但是讲究人家会将布片裁剪修整，缝缀出配色与纹路精美的百家衣。就如《长春百子图》中男童身上这件百家衣，拼缀讲究，色彩鲜丽，布片形状规整，制作精良。

▲ 百家衣　宋，苏汉臣绘《长春百子图》局部

三、群婴华服秀

综上所述，大多数儿童服饰的款式与成人服饰相近，像是成人服饰的缩小版，但在穿着习惯、搭配方式以及饰品佩戴等方面有自身的特点，主要概括为以下几点：第一，儿童的服饰比成年人短小，以方便他们活动嬉戏；第二，在服装形制上常见"上衣下裤""上衣下裳"，也有袍服，多见于年龄相对较长的儿童；第三，儿童下身多穿方便玩耍活动的裤装，轻松便捷；第四，儿童可以外穿抱肚、开裆裤等内衣，不必过多受限于礼教约束。

与成人服饰相比，儿童的服饰穿着与搭配更加灵活、多样，本书无法详述。

让我们通过宋代儿童"写真集"，看一场"群婴华服秀"。

如下为男童服饰展示。

① 白绫袄、腹围、白裤　宋，李嵩绘《观灯图》局部
② 背心、裤、拼色鞋　宋，苏汉臣绘《长春百子图》局部

③　对襟衫、腹围、裤　宋，苏汉臣绘《侲童傀儡图》局部
④　内穿襦裙，外穿直领对襟褙子　宋，苏汉臣绘《百子欢歌图》局部
⑤　半袖圆领衫、毡帽、靴　宋，苏汉臣绘《货郎图》局部
⑥　斜领褙子、裤　宋，佚名绘《百子嬉春图》局部
⑦　身穿长衫，头戴纱帽巾　宋，苏汉臣绘《秋庭婴戏图》局部

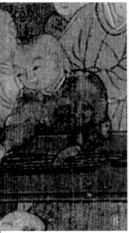

⑧　圆领窄袖袍　宋，佚名绘《百子嬉春图》局部
⑨　半袖衫、裤，背上挂香囊或符牌　宋，苏汉臣绘《货郎图》局部
⑩　红色对襟纱衫、绿色腹围、裤　宋，佚名绘《狸奴婴戏图》局部

　　如下为女童服饰展示。

①　紫色长衫、裤　宋，佚名绘《蕉石婴戏图》局部
②　紫色对襟短衫、裤　宋，佚名绘《蕉石婴戏图》局部
③　短袄、鹅黄色腹围、裤　宋，苏汉臣绘《百子欢歌图》局部
④　长衫、裤、白色腹围　宋，苏汉臣绘《百子欢歌图》局部

⑤ 交领衫、裙 宋，苏汉臣绘《重午戏婴图》局部
⑥ 衫、腹围、裤 宋，苏汉臣绘《百子欢歌图》局部
⑦ 衫、腹围、裤 宋，苏汉臣 绘《百子欢歌图》局部

小贴士 给孩子穿汉服，需要注意些什么？

　　小孩子身体机能尚未发育成熟，且对环境的潜在风险缺乏辨别与应对能力，所以童装设计制作的规范要求也有很多。那么，给孩子买汉服或穿汉服时，应该注意些什么呢？

　　（1）汉服的系带不宜过长，过长的可以自行修剪，以免孩子被勾到、缠住，造成伤害。

　　（2）裙长、衣长不能过长，以方便活动，不会被踩到为准。

　　（3）发型简约，避免厚重的发包假发，发饰尽量简单轻便，以免给孩子颈椎造成压力。

　　（4）在汉服面料上，尽量选择亲肤的棉麻或丝织品，避免化纤面料。

第五章

庶民百工
服饰

庶民百工即不同职业的平民，包括宫女内侍、宫伎乐舞、民间艺人、农夫农妇、厨娘商贩、货郎杂役等。由于职业身份的需要，不同人物的服饰装扮各具特色，呈现"百工百衣"的现象。本章结合宋画尤其是风俗画，来解析这些鲜明的人物形象。

 场景二十五　端午节宫宴

端午佳节，大内尤为热闹，宫女内侍们也穿上节日盛装，忙着陈设端午时令器物，以应景、驱邪、祈福。

宫女皆着黛青色描金花草纹圆领窄袖袍，两侧开衩，缀珍珠装饰，内衬交领朱衣朱裳，腰束红鞓金銙带，穿素罗弓鞋。两鬓、眉间贴珍珠，戴珍珠耳坠。头戴"一年景"簪花幞头，额前缀珠翠团花，花垂珠络，幞头上插满绢制的桃花、牡丹、菊花、山茶等四季花朵。内侍们皆服皂色圆领袍，衬交领中单，着素色下裳，腰束红鞓金銙带，穿乌皮靴，戴垂脚幞头。

远处金明池竞技龙舟的呼喊声此起彼伏，一场端午盛宴即将拉开帷幕。

▲　宋，佚名绘《宋仁宗后坐像》局部

一、宫女的盛装

1. 宫女的"一年景"

《宋仁宗后坐像》中的两位侍女头戴的簪花幞头也有个雅致的名称，叫"一年景"，即把一年四季的花卉合在一起嵌在幞头上。除用鲜花装饰以外，通常还搭配各种绢花、罗花。

宋朝"一年景"既包含植物图案，又会穿插人物、香串、绣球等图案，是宋人美学创造力与浪漫主义情怀的体现。

▲ "一年景"花冠　宋，佚名绘
《宋仁宗后坐像》局部

（1）"一年景"的应用。

"一年景"是一种装饰形式与概念，不仅可以用在服饰、帽冠上，而且可以用在器物、饰品甚至化妆品上。南宋黄昇墓出土的服饰中，大量的衣缘装饰图案均为"一年景"，墓中漆奁内有二十块粉饼，有圆形、四边形、六边形，分别印有水仙、牡丹、菊花、梅花、兰花等四季花卉图案。此外，常州博物馆藏南宋朱漆戗金奁的奁身上为"一年景"折枝花卉图案。

▲ 南宋黄昇墓出土粉饼上的图案

▲ 南宋朱漆戗金莲瓣式人物花卉纹奁

（2）"一年景"真的不吉利吗？

在"一年景"流行的一年后，靖康之变发生，因此它被视为不吉利的"靖康节物"，象征着只有一年的好光景。

陆游的《老学庵笔记》载："靖康初年，京师织帛及妇人首饰衣服，皆备四时，如节物则春蟠球、竞渡、艾虎、云月之类，花则桃、杏、荷花、菊花、梅花，皆并为一景，谓之'一年景'，而靖康纪元，果止一年。盖服妖也。"其实，所谓"服妖"，不过是变乱之后的一种毫无依据的"甩锅"，通常将变乱归咎于原本无关的事物上。除了"一年景"，"错到底"的女鞋款式、"不彻头"的竹骨扇，都是这样的"背锅侠"。

2. 宫女的袍服

宋朝宫廷侍女所穿的袍服，是从男子袍服演变而来的，称为"女着男装"样式。《宋仁宗后坐像》中的两位侍女均身穿窄袖圆领袍，两侧开衩，腰束红鞓金銙带，脚穿素罗弓鞋，头戴簪花幞头，左边的侍女手拿销金红罗披帛，右边的侍女手端唾盂。袍服内衬的红色衣装的形制难以辨清是"上衣下裳"的分裁还是上下一体的"连裳"。

这样的服饰妆扮应为侍女在重大节日场合穿着的盛装，虽然身为侍女，但其服饰的装饰华丽精致，幞头上鲜花与珍珠辉映，袍服上满布描金花草图案，缘边均缀满珍珠，红色衬服的衣领上也是描金与珍珠装饰，下裙的裙褶上也缀满珍珠，就连弓鞋看起来也是用了珠翠点缀。华冠丽服，璀璨夺目，满满都是皇室的排面。

领口的描金与珍珠

袍服上的描金图案与珍珠

红色衬裙

白色珠鞋

▲ 身穿袍服、头戴"一年景"花冠的宫女 宋，佚名绘《宋仁宗后坐像》局部

二、宫中职役的服饰

《女孝经图》中的随从头戴垂脚幞头、身穿深灰色窄袖圆领缺胯袍，两侧开衩，腰束红鞓金銙带，脚穿乌皮靴，这只是宫中职役的一种装扮。宫中职役类别多样，也有等级之分，下文通过图像资料整理了不同职役的服饰形象。

1. 仪卫

仪卫是皇家出行时随驾的仪仗与卫士，负责安保，显示威仪。宋朝佚名的《迎銮图》
中的仪卫形象为：头戴皂色无脚幞头，或方顶，或丫顶；所穿服饰款式一致，均为缺胯窄
袖圆领袍，但有的为深灰色，有的为红色带彩色缬染图案，腰束銙带，内衬白色中单，穿
白裤、练鞋，手中皆执球杖。类似的仪卫形象在《卤簿玉辂图》中也能看到，《女孝经图》
中也有戴垂脚幞头的仪卫形象，《景德四图》中有戴直脚幞头的仪卫形象。此外，在南宋
陈居中的《文姬归汉图》中，有身穿紫色圆领袍、头戴无脚幞头的仪卫形象，且袍服接缝
以及幞头均用球路纹织锦装饰。

2. 辇官

辇官是宫中负责引辇、抬辇的职役。《迎銮图》出现了"肩擎辇官"的形象：头戴黑
色笼巾，穿青灰色缺胯袍，腰束黑鞓带，内衬白裤。《宋史·仪卫二》记载："肩擎辇官
四十八人，幞头、绯罗单衫、金涂海捷腰带、紫罗表夹三襜、绯罗看带。"由此看出肩擎
辇官的服饰在不同时期应该也有不同的规定。

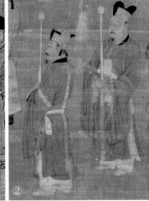

① 仪卫　宋，佚名绘《迎銮图》局部
② 仪卫　宋，陈居中绘《文姬归汉图》局部
③ 辇官　宋，佚名绘《迎銮图》局部

3. 执事人

执事人是在大礼上负责礼器递送的人员。《卤簿玉
辂图》描绘了皇帝出行的仪仗队，从中我们可以看到执
事人的形象：头戴皂色笼巾，穿红色缬染窄袖袍，外搭
青色圆领缺胯袍，且用襻膊将衣袖绑于背后以方便活动。
内衬的红色袍服从上文仪卫的形象中可以看到全貌。

▲ 执事人将衣袖用襻膊收在背后
宋，佚名绘《卤簿玉辂图》局部

4. 教头

教头是宋朝军队中教授武艺的教官。在宋朝的仪卫中，教官戴幞头加红绣抹额。在《卤簿玉辂图》中，可以看到教官形象：身穿褐色公服，束革带，头戴直脚幞头配红抹额。还有四位头戴红色抹额的"弓箭手"，背着弓箭骑马而行。

① ② 教头形象　宋，佚名绘《卤簿玉辂图》局部

5. 内侍

宋朝宦官不称太监，总称为内侍、内臣、宦者、中官。宋人不称他们为"公公"，一般称呼他们的官职。宫外人尊称宦官为"中贵人"。高等宦官要尊称"大官"，中等宦官可以称呼为"阁长"。

在山西太原晋祠圣母殿的彩塑中，我们可以看到内侍的形象：头戴方顶无脚幞头，身穿窄袖或广袖圆领袍，腰间束带，下穿裤、靴，叉手或袖手站立。

① ② 内侍形象　太原晋祠圣母殿彩塑

内
侍
的
穿
搭
展
示

宫
卫
伏
肃
，
阆
苑
瑶
池
。
台
殿
倚
晴
晖
。

——
宋
·
曹
勋
《
十
六
贤
·
闲
暇
》

● **江城子的今日穿搭：**
鸦青窄袖圆领开胯袍＋红鞓金銙
带＋皂靴

● **发型配饰：**
丫顶幞头

◀
内
侍
的
职
业
穿
搭

6. 乐工

宋人吴自牧在《梦粱录》中记载，"击鼓人皆结宽袖，别套黄窄袖"。孟元老《东京梦华录》记载："宫架前立两竿，乐工皆裹介帻（zé）笼巾，着绯宽衫，勒帛。"这样的乐工形象在《女孝经图》中可以看到，乐工们头戴漆纱笼巾，内穿黄色窄袖袍衫，外穿红色宽袖袍衫，大部分乐工将宽大的衣袖束结起来，腰束白色勒帛。

▲ 乐工 宋，佚名绘《女孝经图》摹本局部

作为皇室人员的服务者以及皇室活动的参与者，不同的宫职人员在不同活动场合的装束应该不能一概而论。上文仅撷取部分宋朝画作及文献中的只言片语，管窥不同宫职人员的形象面貌。

小贴士 男生穿圆领袍，该怎么选择与搭配？

一是可以敞开当作长风衣穿着，里面搭配衬衫、裤子、鞋子；二是可以束腰穿着，搭配鞓带或者现代风格的腰带。如果头系发带，袖口用护腕束起，换上一双运动鞋，又可以化身"运动少年"。◈

场景二十六　梧桐深院锁清秋

夏末秋初，梧桐深院，张娘子与刘娘子忙着裁制新衣。侍女阿奴叉手而立，身着褐底绿斑缬染圆领袍，窄袖修身，两侧开衩，衬着素色下裳，腰系鹅黄色花草纹腹围，以革带束之。头梳丫髻，簪缀珠花钿，神情自若，浅笑淡然。

▲ 宋，刘松年绘《宫女图》局部

一、侍女的日常着装

1. 圆领袍

《宫女图》中右侧的侍女，身穿褐色圆领缺胯袍，袍上有绿色缬染图案，腰上束扎淡黄色腹围，用勒帛系扎。侍女的发型为典型的"丫髻"发式，以红丝线、缀珠首饰装饰，耳朵上戴蓝色耳饰。跟《宋仁宗后坐像》中的侍女服饰相比，这样的服饰装扮应该为侍女比较日常的"职业装"。

① 侍女形象　宋，佚名绘《饮茶图》局部
② 侍女形象　五代，顾闳中绘《韩熙载夜宴图》局部
③ 侍女多用腹围、勒帛束腰，以方便活动　宋，佚名绘《万花春睡图》局部

2. 腰上那抹鹅黄

　　从《宫女图》中的侍女形象可以看出，腰间常束扎腹围，男女通用，常为鹅黄色，所以也称"腰上黄"。从宋朝的人物画中可以看出，腹围多为宫廷侍女或其他从事体力劳动的女子使用。从刘松年另外一幅《宫女图》可以看出，侍女的腹围上还有印花或刺绣的花草图案，以革带束扎。

① 侍女的腹围及銙带　宋，刘松年绘《宫女图》局部
② 侍女的腹围及銙带　五代，顾闳中绘《韩熙载夜宴图》局部
③ 侍女的腹围及銙带　宋，佚名绘《饮茶图》局部

3. 其他宫女形象

　　在太原晋祠圣母殿的彩塑中，宫女形象写实逼真，根据着装大概有三类。一类是头戴方顶无脚幞头，身穿广袖圆领袍，袍服前襟塞在腰带里，以方便活动；一类亦头戴方顶无脚幞头，身穿圆领短衫，衫的下摆从中间开衩，下穿裙，腰间束带；还有一类是身穿交领襦裙、肩披披帛，头梳高髻或戴发冠或包髻的宫女形象；此外，还有少数身穿褙子、长裙的宫女，推测是管理阶层的女官。

① 穿广袖圆领袍的宫女
② 穿窄袖圆领短衫的宫女
③ 穿交领襦裙、戴莲花冠的宫女
④ 穿褙子的女官　（①~④均为太原晋祠圣母殿彩塑）

侍女圆领袍的穿搭展示

细马远驮双侍女，青巾玉带红靴。

——宋·苏轼《临江仙·以为异人》

► 侍女的职业穿搭

● **西江月的今日穿搭：**

月白色中单＋驼褐色缬染窄袖圆领袍＋鹅黄色腹围＋云纹锦缎平头鞋

● **发型配饰：**

丫髻＋缀珠鎏金钿钗＋泥金绛罗发带

二、侍女的发型

侍女的发式较为简单，且辨识度较高，主要有丫鬟、丫髻和螺髻。

1. 丫鬟

"丫鬟"一词在古代指婢女，同时也是女子的一种发式。丫鬟是把头发分成两部分，辫梳成圆环状，左右对称。因年轻婢女多梳此种发式，故称为"丫鬟"。其与丫髻的形制类似，不同之处在于，丫髻梳成的发髻为实心发髻，而丫鬟为空心环状。

2. 丫髻

丫髻也称为"丫头"。在宋朝，丫髻多是未成年或成年但未婚嫁的女子，以及宫廷侍女、丫鬟婢女的发式。所梳的发型，以双丫髻和三丫髻较为常见，其形象如《盥手观花图》中一旁服侍的侍女发式。

3. 螺髻

螺髻因发髻似螺壳状而命名为螺髻，源于初唐，宋朝仍有此发式。在相关的画作中，可以看到双螺髻、双垂螺髻两种样式，且多用于宫廷侍女、丫鬟婢女或未及笄的少女，《观灯图》中一侍女梳即双垂螺髻。

① 丫鬟　宋，刘松年绘《宫女图》局部
② 丫髻　宋，佚名绘《盥手观花图》局部
③ 双垂螺髻　宋，李嵩绘《观灯图》局部

小贴士　女生穿圆领袍，怎么搭配才好看？

圆领袍穿起来比较方便，类似现代的长风衣，可以敞开衣襟穿着，也可以搭配腰带，下面配裤子、靴子，再扎上高马尾，这样就能成为街上最飒的女子。

场景二十七　宫廷乐舞彩排中

今晚官家宴请众后妃娘娘，安排了乐舞表演。宴饮重要场合容不得差错，乐舞队正在紧张排练中。

乐舞队有女伎九名，身穿印金绛罗褙子，内着抹胸、褶裙，头顶高髻，戴松塔簪，根部绕以红绳。女舞童两位，一位穿绿色圆领窄袖袍衫，两边开高衩，前裾短、后裾长，内着红色中单，束白裙。一位身着右衽交领袍衫，腰围红色描花巾帛，束及地白裙。老乐师头戴交脚幞头，身着褐色圆领窄袖开胯袍，束腰带，袍侧开衩，内着中单及钓墩。他们或手持乐器，或手舞足蹈，各司其职，俨然已准备就绪。

▲　宋，佚名绘《歌乐图》局部

一、《歌乐图》服饰解析

1. 乐伎服饰

《歌乐图》中的九位女伎亦可称为女乐师，她们身着同款印金红色褙子，衣长及地，内着抹胸及百褶裙，腰上系腹围，头顶高髻，手持各种不同的乐器，神情各异。

女乐师们的发饰很特别，高髻似用松塔簪缀以珍珠，根部绕以红绳。发际线呈现"方额状"，应该是崇宁年间（1102—1106）流行的"大髻方额"。

▶　乐伎的服饰和发型与发饰
宋，佚名绘《歌乐图》局部

侍女新传教坊曲，归来偷赏上林花。

——宋，梅尧臣《送刁景纯学士使北》

● **西江月的今日穿搭：**

白绢抹胸＋绉纱褶裙＋印金

绛罗褙子

● **发型配饰：**

高髻＋松塔簪＋红丝缯发带

乐伎的演出穿搭

2. 舞童服饰

　　《歌乐图》中两位年幼的舞童均头戴簪花直脚幞头，其服制特别，推测应为乐舞专用的表演服饰。右边舞者身着团领袍衫，窄袖、两边开高衩，前裾短、后裾长，内着红色中单，衣长在膝盖以上，系红色描金勒帛。左边舞者身着土绿色右衽交领袍衫，两侧开衩，腰束红色描金腹围。

3. 乐师服饰

　　《歌乐图》中老乐师头戴局脚幞头，身着褐色圆领窄袖开胯袍衫，配束腰带，袍侧开衩，内着白色中单，腰束黑革带。舞童的簪花幞头、男乐师的局脚幞头都是宫廷乐舞常见的首服，女乐师的高髻也应该是配合角色形象进行表演的装扮。

① 舞童服饰　宋，佚名绘《歌乐图》局部
② 乐师服饰　宋，佚名绘《歌乐图》局部

🌀 二、宫廷乐舞服饰的特征

　　宋朝宫廷乐舞有不同的职能，对应不同的服饰装扮。从《歌乐图》以及宋朝乐舞主题壁画，我们可以总结出宋朝宫廷乐舞服饰的特征。

1. 色彩浓丽，鲜艳夺目

《宋史》《东京梦华录》等史料描述乐舞服饰时，常见"五色绣罗宽袍""绯绿紫色青生色花衫""鸦霞之服""红黄生色销金锦绣之衣"等词句，可以看出乐舞服饰多用红、黄、紫、绿、青等鲜艳的颜色。

2. 质料昂贵，做工精细

虽然身为乐舞，但宫廷乐舞的观众是皇室贵族。乐舞的服饰质料讲究，多用罗制作。此外还用到刺绣、销金等装饰工艺，做工精细。《武林旧事》用"首饰衣装，相衿侈靡，珠翠锦绮，眩耀华丽"来描述宋朝的舞蹈服饰，其精致程度可见一斑。

3. 头饰华丽，配饰讲究

"玉兔冠""花冠""仙人髻""云环髻""高金冠"……从相关史料所记载的乐舞冠饰和发型的名目中可以看出，乐舞的发型和冠饰不仅要贴合角色，而且在造型、制作上也极为考究。

▲　河北宣化辽墓壁画《散乐图》中辽人乐部仍着北宋幞头及圆领袍

▲　乐伎形象　山西开化寺壁画局部

三、私家乐舞团

宋朝有条件的王公显贵会拥有私家乐舞团，从一些宋墓壁画中，可以管窥宋朝私家乐舞的概貌。这些乐舞的服饰装扮与宫廷乐舞相比或许略逊一筹，但整体精致考究，男子多穿圆领袍，束革带，戴牛耳或局脚幞头，女子多戴团冠、花冠，穿褙子长裙。在山西省阳泉市平定县城关镇姜家沟村北宋墓出土壁画《伎乐图》中，可以看到窄袖衫外搭配半袖褙子的女子，有三位女子头戴一种样式特别的"垂肩冠"，还有一对身穿绿色衫子、白色裤子的舞童。

▲《伎乐图》　山西平定县城关镇姜家沟村北宋墓出土壁画

小贴士　想穿汉服跳舞，该怎么选择？

　　可以先根据舞蹈的种类与风格，选择合适的朝代。然后选择合适的裙长，裙长过长容易踩到裙边，如果舞蹈动作幅度过大，比如有连续的旋转、高抬腿这样的动作，记得一定要穿衬裤。在袖型上，如果没有特别要求，建议选窄袖，大袖袖型宽阔，容易"吃"动作。此外，尽量选较大的裙摆，这样在做旋转等动作时，裙摆更加灵动飘逸。◈

 场景二十八　南瓦子"对口相声"直播

　　自官家下诏解除宵禁，桥道坊巷，瓦舍勾栏，商贩云集，交晓不绝。

　　这会儿，南瓦子正在上演热门杂剧《打花鼓》。左边这位是慢星子（《武林旧事》记载的杂剧女艺人名）扮演的副净色，此人头戴诨裹，身穿皂缘对襟窄袖衫，外斜罩一件男式长衫，腰间系白蓝相间腹围，内束抹胸，下穿白裤，腿部绑钓墩，脚穿弓鞋，戴耳环。右边这位是王双莲（《武林旧事》记载的杂剧女艺人名）扮演作为市井小民的副末色，此人戴簪花罗帽，也穿衫、裤、弓鞋，腰间束白底蓝花腹围。

　　两人互行万福礼寒暄之后，一出让人忍俊不禁的精彩剧目即将上演。

▲　宋，佚名绘《杂剧〈打花鼓〉》局部

　　宋朝的杂剧是由滑稽表演、歌舞和杂戏组合而成的一种综合性戏曲。北宋时盛行于东京（今河南开封），南宋时临安（今浙江杭州）也很流行。后来，北方的杂剧逐渐发展为元杂剧，南方的杂剧逐渐发展为宋元南戏。

　　《打花鼓》中的两个角色分别是左侧的副净色，扮演的是装呆卖傻的角色，特点是有假装憨愚的滑稽感。右侧是副末色，所扮演的应为城市中市井小民的身份，服饰装扮与副净色相近，这是宋朝典型的日常装扮，故不做赘述。下文重点讲述两件杂剧演员常用的特别配饰：诨裹和钓墩。

『副末色』的穿搭展示

一场杂剧也好笑，来时无物去时空。

——宋，吴潜《谢世颂三首·其一》

▶

杂剧艺人的演出穿搭
参考《杂剧〈打花鼓〉》绘制

● 西江月的今日穿搭：
牙白纻麻抹胸＋红缘边窄袖对襟衫＋月白色腹围＋印金褐色罗裹肚＋月白绢裤＋红色弓鞋

● 发型配饰：
簪花罗帽＋琉璃耳坠＋弦纹金镯

一、艺人的"傻帽"——诨裹

诨裹一般是宋朝杂剧艺人常戴的首服，是将巾子变形、夸张，束扎成不规范的、滑稽的形状。在现存宋朝图像中，除了《杂剧〈打花鼓〉》中副净色头戴诨裹之外，另有河南偃师出土的宋朝丁都赛砖雕形象将头巾偏向头右侧裹扎，露出一角。《杂剧〈卖眼药〉》中"诨"角头巾朝天束扎，上扎麻绳。

从这些图像可以看出，诨裹由于其裹法的不同从而形成各式各样的头巾，使杂剧人物形象更加滑稽搞笑。此外，杂剧演员的服饰打扮根据所扮演角色的不同，呈现多样化。

① 戴诨裹的艺人 宋，佚名绘《杂剧〈打花鼓〉》局部
② 戴诨裹与簪花的杂剧艺人 丁都赛砖雕局部
③ 戴诨裹的艺人 宋，佚名绘《杂剧〈卖眼药〉》局部

钓墩

二、来自异国的"渔网袜"——钓墩

副净色膝下套有网状长筒袜，此物称为"钓墩"，来自契丹、女真风俗。宋朝有正式法令禁止上层妇女平时穿用，但是演员的戏装则不受限制，可以按剧中人物身份穿戴。

关于钓墩的具体式样，在《中国衣冠服饰大辞典》中已有文献整理："妇女的一种胫衣，形似袜袎，无腰无裆，左右各一。着时紧束于胫，上达于膝，下及于踝。初用于契丹族妇女，北宋时期传至中原。"

从现存宋朝图像资料来看，如丁都赛杂剧砖雕中，人物形象作男子装束，幞头诨裹簪花枝，着圆领小袖开衩衫，腰系帛带，下穿钓墩袜裤，着筒靴，双手合抱胸前作揖状。而且与《打花鼓》中副净色如出一辙，都是下身着钓墩，可见钓墩在杂剧中已相当流行。

小贴士　如何看待汉服中的"胡服"元素？

　　早在魏晋南北朝民族大融合时期，"汉服"就已经融入了诸多"胡服"元素，到了唐朝，随着中原与西域经济文化往来日盛，胡服日渐流行。在服饰款式、特征上，胡服和汉服历来都有互相参考改进的地方，这也是民族融合、文化交流的体现。❖

场景二十九　为谁耕织忙

　　晨光熹微，机杼札札，姑嫂们已忙着织布。有的着衫、裤，有的着交领襦裙，裙掩衣而穿，有的头戴盖头，发髻多以布帛束扎。这位在织机前侧身而立的娘子还在衫子外面罩了件背心，腰间束带，尤为利落。素布麻衣，虽无华彩，却也简朴大方。

　　远处的稻田里，男子们在忙着插秧。他们多赤脚赤膊，穿短褐、背裆、裈裤，以小巾束发。埋头耕耘，汗流浃背，忽已日上三竿而不知。愿风调雨顺，穰穰满家，方不负耕耘之苦。

▲　宋，佚名绘《耕织图》局部

一、农妇服饰特征

1. 短窄合体，便身利事

　　现存的宋朝图像中，有不少农妇的形象，整体朴素无华，衣服的裁剪相对短窄，上衣衣长短到腰臀，长至膝盖上下，袖口多紧缩。下裙出现了较短或仅能合围一圈的样式，一方面节约面料，比较经济，另一方面合体轻便，方便家务劳作。

①　②　农妇的穿着　元，程棨摹宋朝
楼璹《耕织图》局部

2. 裙掩衣衫，利落便捷

　　南宋佚名《蚕织图》中，可以看到将衫掩入下裙内的妇女形象，李嵩所绘小品画《市担婴戏图》中也可见到同样装束的村妇。此外，还有将裙摆塞进腰带、腰间束勒帛的农妇装扮。可见为了方便劳作，底层妇女常将衣衫掩入裙腰之中或用勒帛束扎，劳动起来便捷利落。

▶　裙掩衣的农妇　元，程棨摹宋朝楼璹《耕织图》局部

3. 裆裤合围，经济美观

　　劳动妇女的穿着中也常见衫与合围掩裙、裆裤的搭配方式。合围掩裙流行于劳动阶层，常穿在裆裤外以遮挡裤裆部位。合围掩裙长短不一，合围的方向也因人而异，向中间或向身侧合围均可，经济美观，深受劳动女子喜欢，后来也被上层社会女子穿用，成为一股"自下而上"流行起来的时尚。

　　南宋佚名《蚕织图》的"下机、入箱"场景中，也可以看到上穿衫、下穿裆裤，以及合围掩裙、下穿裤的妇女形象。南宋佚名《耕织图》中可以看到身着窄袖短衫、外穿背心、下着裆裤、外罩合围掩裙的劳动妇女形象。

　　在李嵩的《货郎图》中，我们可以看到身穿裆裤的村妇，而且其裆裤裤脚侧缝处缀有一根带子，应该是为了防止裤腿侧缝处的裥褶散开，也体现出劳动阶层女子服饰对"便身利事"的需求。

① 身穿短衫、裤、围裙的农妇　宋，梁楷绘《蚕织图》局部
② 身穿衫裤、红色腹围、合围的劳动妇女　元，程棨摹宋朝楼璹《耕织图》局部

4. 葛麻印花，质朴素雅

在服饰的面料上，劳动阶层妇女常用相对廉价的葛、麻等，少有精致的装饰，多为纯色。在《女孝经图》中出现了身穿印花布裙的妇女形象。

宋朝还流行一种蓝色印花布，叫"药斑布"，明朝称为"浇花布"。用天然植物蓝草的液汁，经浸泡沉淀缬染而成，是江南一带的传统缬染工艺品。在宋朝，五彩夹缬、绞缬被禁止在民间制造，于是蓝白两色的夹缬、蜡缬等制品在民间流行，其吉祥的图案满足了百姓对美的追求。但在当时，药斑布仍然是珍贵的印花布料，只有富农家庭才用得起。

5. 平头布鞋，便于耕织

由于从事耕织劳作的需要，劳动阶层的妇女不裹脚，多穿平头、圆头布鞋或草鞋。

▲ 身穿印花布裙的女子　宋，佚名绘《女孝经图》局部

农
妇
的
穿
搭
展
示

青裙田舍妇，馌饷前村去。

——宋，黄机《菩萨蛮·次杜叔高韵》

▶ 农妇的朴素穿搭（一）

● **西江月的今日穿搭：**
秋香绿葛麻抹胸＋月白绝衫＋
棕红色裹肚＋白绝裤＋鸦青百
褶合围＋平头布鞋

● **发型配饰：**
高髻＋檀色苎麻头巾

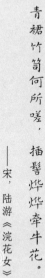

青裙竹笥何所嗟，插髻烨烨牵牛花。

——宋，陆游《浣花女》

▲ 农妇的朴素穿搭（二）

● **西江月的今日穿搭：**

秋香绿绝衫＋靛青葛麻缬染
裙＋平头布鞋＋檀色裙带

● **发型配饰：**

檀色苎麻盖头

二、农夫服饰特征

1. 斗笠巾帕，经济实用

根据身份、时节和场合的不一，宋朝平民的首服主要有斗笠、巾帕、幞头等。斗笠为一种敞檐之帽，帽檐有窄有宽，常以藤竹编织而成。斗笠不仅可以遮阳蔽热，而且可以挡风避雨，所以不管是忙于耕作的农夫，还是寒江独钓的渔夫，抑或是出行赶路的文人商贩均常佩戴斗笠。

此外，在《护法天王图》《清明上河图》中还有头戴笠帽的男子形象。笠帽是在斗笠边缘加较短的布条，也是外出时用来遮阳挡雨的首服。

庶民只可束巾而不可戴冠，除了系扎软裹的头巾，也可以戴有固定造型的硬装巾子。幞头样式多，不管什么身份、阶层皆可佩戴。平民男子多戴直脚幞头，且两脚较短小。南宋《迎銮图》中可见戴软装巾、直脚幞头的平民男子形象。

① 戴笠帽的男子　宋，佚名绘《护法天王图》局部
② 戴笠帽的男子　宋，张择端绘《清明上河图》局部
③ 头戴巾帽、穿衫裤的农夫形象　宋，佚名绘《迎銮图》局部

2. 衣裤短窄，便于劳作

农夫的上衣大体有短衫、背褡、短褐等，衣裤均短窄，便于劳作。短衫一般长不过膝，背褡是无袖的上衣，短褐是指用粗布做成的短上衣，为体力劳动者劳动时所穿。

下装主要有长裤、三角形的犊鼻裤。裤子有长短以及合裆、开裆之分。犊鼻裤一般认为是穿在内层的亵衣，但平民百姓在劳作、农忙之时大多将其直接穿在外。

▲ 身穿短衫、裤的农夫
元，程棨摹宋朝楼璹《耕织图》局部

① 身穿短褐、扎起裤腿的农夫 元，程棨摹宋朝楼璹《耕织图》局部
② 身穿背裆、裈裤的男子 宋，刘履中绘《田畯醉归图》局部

3. 蒲鞋麻鞋，轻便利落

农夫的鞋子主要有芒鞋、蒲鞋、麻鞋等，多为平头、圆头样式。

▶ 穿蒲鞋的农夫
宋，刘履中绘《田畯醉归图》局部

🌀 三、平民服饰特征

1. 面料质朴

平民服饰受其经济条件限制，面料多用廉价易得的葛、麻、绢、绤（shī）、粗裘、毛毡等。

（1）葛。

葛布是用葛的茎皮经过加工织成的布，是一种古老的纺织物，可以制作衣服、头巾。

葛衣、葛巾多为平民男子穿用。由于葛布质轻、透气、吸湿，所以也是士大夫们夏季衣物常用的质料。陆游的《村东晚眺》就有"藤杖穿云秋望处，葛衣沾露夜归时"的诗句。

（2）麻。

我们常说的"布"，往往指的就是麻布，也是平民服饰常用的衣料。两宋时期，棉布仍然是专供官宦贵族的奢侈品，在平民阶层尚未能够普及。

（3）绢。

绢是一种丝织品，但与其他昂贵的丝织品相比，绢的生产工艺较简单，产量较高，是一种价格低廉的丝织品，因此也成为平民服饰的用料之一。绢质地细密坚韧，轻薄挺括，可以用来制作衣服、巾帽、鞋子。

（4）绌。

绌是一种厚实而粗糙的丝织品，是最为低廉的丝绸织品，因此成为平民常用的服饰面料。

（5）粗裘。

粗裘是猪、牛、羊、犬的皮毛，皮质粗劣，价格低廉，往往是平民所穿皮裘的原料。

（6）毛毡。

毛毡是宋朝平民制作冬衣常用的面料，据《参天台五台山记》载："通事毛衣、毛头巾、手袋、毛袜等，直钱五贯，与了。""五贯"是多少钱呢？北宋的一文钱大约相当于人民币两毛钱，一贯钱是一千文钱， 五贯钱折合人民币一千块左右。看来这毛毡衣服也是价格不菲，想必是富农商贩等家庭才穿用得起。

（7）绵。

绵衣是在夹衣中填充丝绵以保暖的冬衣，绵的价格比裘皮、毛毡便宜，是宋朝底层平民制作冬季服饰的最主要材料。两宋时棉纺织业尚未普及，绵衣所用绵絮并非棉花纤维，而是蚕丝结成的纤维，为丝绵。绵衣的面料可以用麻、绡、绞、绮、缎等，所用面料不同，绵衣的质量、价格及保暖效果也有不同。

（8）树皮。

制作纸衣、纸被的原料是楮树树皮，经过浸泡软化、捣烂，再用木锤锤实，晒干之后就成为块状的布匹，也叫"树皮布"。这种布的挡风特性尚可，保暖性能一般。"纸衣"这种听起来就透着贫寒的服饰，是收入微薄的贫苦百姓不得不选择的冬衣。

2. 色彩浅淡

平民男子的服饰以纯色为主，颜色多为葛麻面料的本色或者白色、灰色。白衣、白裤是平民常穿的服饰，此外，红、黄两色被认为是贵色，平民男子被禁止穿用。平民妇女的服饰多以青、白、褐色为多，上了年纪的妇女也喜欢穿紫红色的襦。

3. 纹饰简单

宋朝颁布了很多关于服饰的禁令。对于平民服饰，多规定不能穿什么，以防止僭越。比如在服饰的纹饰上，一度禁止平民穿用"缬衣"，即印花服饰，禁止平民服饰用销金、泥金、珍珠装饰，也禁止穿用带有织绣纹样的服饰。在各种禁令以及经济条件的制约下，平民服饰多朴素无华。南宋年间，关于"缬衣"的禁令开始宽松，印花布才开始在民间流行。

综上所述，平民所服的首服、上衣或是裤装、足服，皆以便捷实用为前提，衣饰朴实无华，衣色大多为衣料的本色或是不同深浅的灰色。但需要说明的是，不管是农夫农妇，还是杂剧艺人、厨娘、货郎等其他职业的人，都不是只有一种装束，他们既有劳作时的便装，又有在较正式场合穿着的"盛装"，比如巾帽袍衫、褙子襦裙等。

▲ 平民的服饰　宋，佚名绘《迎銮图》局部

小贴士　夏季汉服选什么面料比较凉快？

比较平价的夏季汉服面料可以选棉、麻，自然朴素，亲肤透气，但容易起皱；雪纺清透飘逸，也更易清洗打理，天丝面料柔软垂坠，性价比较高；醋酸面料触感柔滑舒适，垂坠性好，价格相对较高；真丝亲肤飘逸，但价高且不易打理。大家根据自己喜好与消费能力，选择合适的面料即可。

场景三十　洗手作羹汤

　　这里是一位官员的后厨，诸位厨娘正为晚宴忙碌着。她们身量纤秀，面容姣好，高挽发髻戴山口冠，服仪整齐。一人穿交领衫裙，其余多穿衫子、抹胸。看那位主厨刘娘子，红裙碧裳，容止循雅，赏心悦目。她上穿灰青色窄袖衫，绯色褶裙外又罩百褶合围，腰系朱红绦带。为保持服饰干净整洁，腰束青色围裙。整装，斫鲙，烹茶，涤器，她们各司其职，娴熟干练。

　　在宋朝，厨娘可谓是一个热门职业，不仅做得一手色香味俱全的精致菜肴，而且容仪秀美，穿着体面利落。厨娘的待遇也很高，除了基本工资，还有小费补贴，因此请厨娘上门做饭是一笔不小的支出，一般只有官宦贵族才请得起。

▲　河南偃师酒流沟宋墓出土的砖刻拓片

一、厨娘的服饰特征

　　从现存的宋朝砖雕、壁画中的厨娘形象，可以总结出厨娘服饰装扮的以下特征：

1. 紧窄修身

　　从河南偃师酒流沟宋墓砖刻的厨娘形象，可以看出厨娘的衣着体面讲究，其中三人穿窄袖对襟衫，衣长到膝盖以上，纤瘦修身，内搭抹胸，下穿合围、裙或裤，另外一人上穿交领衫，下穿合围裙，腰间系着围裙，裙侧悬挂着绦带饰品。《烙饼图》《备宴图》中的厨娘形象也较为类似，均穿短衫、抹胸、裙，服饰整体紧窄修身，便于活动。

▲　《烙饼图》　河南登封高村宋墓壁画

2. 襻膊围裙

《旸谷漫录》中记载了一个专为贵族制作菜羹的厨娘工作的画面："厨娘更围袄围裙，银索襻膊，掉臂而入，据坐胡床。"

襻膊是用来绑住衣袖方便劳作的绳索。围袄、围裙用来防止衣服沾染油污，襻膊用来收缚衣袖，也是厨娘形象的特征之一。

3. 高髻发冠

《烙饼图》《备宴图》中的厨娘均高挽发髻，以簪钗、发带固定装饰。河南偃师酒流沟宋墓砖刻的厨娘头戴山口冠，又窄又高，形似现代的厨师帽。

商品经济的发展让宋朝产生了诸多以手艺谋生的"职业女性"，如伎乐人、杂剧人、针线人、拆洗人、厨娘等。虽然"厨娘最为下色"，但是凭借精湛的厨艺，她们不仅可以自力更生，甚至成为富婆，还赢得了社会的尊重。所以厨娘的穿着打扮虽然不如官宦之家华丽精致，但也体面利落。

▲ 《备宴图》 河南登封唐庄宋墓壁画

▲ 正在备宴的厨娘形象　陕西韩城新城区宋墓壁画

▲ 《备茶图》 河南登封黑山沟村北宋李守贵墓壁画

厨娘的穿搭展示

● 西江月的今日穿搭：

灰青窄袖衫 + 缬染围裙 + 百褶合围 + 檀色裆裤 + 弓鞋

● 发型配饰：

云尖巧额 + 山口白角冠 + 红丝缯发带

▲ 厨娘的职业穿搭

二、关于"围袄"的推测

《旸谷漫录》中记载"厨娘更围袄围裙",通过河南偃师酒流沟宋墓砖雕,我们可以看到围裙的样子。那么,"围袄"应该是什么样子呢?

正当笔者疑惑的时候,在常州博物馆举办的"南宋芳茂——周塘桥南宋墓出土文物特展"上一件首次面世的"特别衣服"吸引了我的注意。这件衣服两袖基本完整,但衣身只有单面,在颈部、腰部各有一对系带,这和现代的长袖围裙如出一辙,不禁让我推测:难道这件就是"围袄"?

这件特别的衣服是丝绵的,和"袄"的定义相符。该墓中同时出土了酒器等宴席用具,墓主人生前应该是喜爱宴饮的,也有可能聘请专业厨娘来备宴。但是,墓中衣服一般都是墓主人的衣服,怎么会有厨师服装?难道主人生前喜欢亲自下厨吗?或者,有没有一种可能,这件衣服也可以在主人写字作画、亲事园艺的时候罩在外面,防止衣服弄脏呢?关于这件特别服饰的具体功能,暂无定论,笔者提出以上推测与各位读者探讨。

▲ 黄褐色绢丝绵袄(单面) 常州周塘桥南宋墓出土

小贴士 穿汉服时,能骑共享单车吗?怎样更安全?

建议尽量不要穿汉服骑车,如果不得不骑,务必选择合适的汉服,且注意安全。可以选择窄袖短衫搭配宋制裈裤,简便利落,切记将较长的衣带收好。如果穿裙子,建议大家搭配一条衬裤,骑行前,把裙子系好。此时,安全第一,美丽第二。

场景三十一　早市上的斗茶

晨光熹微,相国寺的市集已熙熙攘攘。东门外,有几位茶贩伫立斗茶,街坊行人争相围观。诸男子均戴皂色巾帻,着交领短衫、白裤,腰间系带,脚穿布鞋或草鞋。他们注汤调膏,快速击拂,举杯品茗,一决高下。

▶ 宋,佚名绘《斗浆图》局部

一、茶叶商贩的服饰

"斗浆"即"斗茶",又称"茗战"或"点茶",指以竞赛方式比较茶叶质量和品茶技艺高低的一种活动。南宋刘松年的《斗浆图》即描绘茶贩们在售卖之余,以斗茶的方式交流茶汤。茶贩们头上以不同方式裹着皂巾,身穿白色或灰褐色衫,交领或圆领,窄袖,衣长在膝盖以上,衣领松散敞开,腰间束勒帛、革带,衣摆多扎在腰间,下穿白色束口长裤,脚踝裸露,穿线鞋、黑布鞋。

茶贩腰间吊挂的伞状器物为席囊,以竹子编制而成,用来盛装茶叶,应该是茶贩形象的标志物。在苏汉臣的《卖浆图》中,也可以看到类似的茶贩形象。

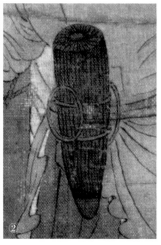

① ② 茶贩形象与席囊 宋,苏汉臣绘《卖浆图》局部

二、"点茶师"的服饰

在刘松年的《撵茶图》中，我们可以看到两位在进行点茶的男子，从其装束来看，应该是专门为文人雅士服务的专业"点茶师"。两人均头戴皂色丫顶幞头，穿浅青灰圆领短衫、麻色中衣、麻色长裤，一人腰间束墨绿色勒帛，戴襻膊，穿麻色系带低帮鞋，一人穿腹围束革带，穿灰绿色鞋。一人碾茶，一人注汤点茶，风炉茶盏、茶筅瓯碗，陈设井然。

▶ 侍茶者形象　宋，刘松年绘《撵茶图》局部

小贴士　展示茶艺时，穿什么汉服比较合适？

首先，尽量选窄袖，如果选大袖，要多注意不要让袖子刮蹭到茶具，或者用襻膊将衣袖束好。至于形制与颜色，根据喜好选择即可。做"复原"风格的点茶展示时，建议选清雅的宋制汉服。◈

 场景三十二　行走的杂货铺

熟悉的吆喝声在村口响起，孩童们喜出望外，蜂拥而出，原来是那货郎串村来了。货郎将推车停到了老梅树下，只见他身穿斜领交襟半袖衫，内搭交领窄袖衫，下穿白裤、皂靴，头戴四脚幞头，肩上、腰间、背后亦插挂着各色货品，笑意盈盈地逗引着孩童们。孩童们围着推车上的小风车、拨浪鼓、花篮、糖葫芦、花灯笼等各种物品，或欢呼雀跃，或眼巴巴地观望，喧闹声、欢笑声在村口回荡。

▶ 宋，苏汉臣绘《货郎图》局部

货郎也是宋朝风俗画中表现较多的人物形象。这一时期，商人的地位有所提升，货郎的身份也相应地发生变化，逐渐成为人们生活中不可缺少的一部分。他们或挑着，或用推车装载着日用杂货、美味零食、儿童玩具等各色物品，走乡串村，给偏僻的乡村地区带来了物品补给。

一、货郎的服饰特征

1. 束手束脚

苏汉臣的《货郎图》呈现了一货郎推车停在梅花树下，几个孩童欢呼雀跃地在推车周围玩耍的情景。货郎内穿白色交领衫，袖口紧窄，衣长在膝盖以上，外穿绿色半袖交领衫，腰间束带，下穿白裤，脚穿皂靴，靴筒里似还插有刀具。身上累累挂着、背着些葫芦之类物件，面带笑容，微弯着腰，一手扶握车柄，一手正向围拢的儿童比画着什么。货架子上琳琅满目，吃的、穿的、玩的、用的应有尽有，如雉鸡翎、拨浪鼓、手套、帽子、竹耙、笙等。

在其他几幅《货郎图》中，货郎的服饰装扮也有共同的特征：衣袖、裤腿多束扎、卷起来，以方便负重赶路。

2. 持拨浪鼓

拨浪鼓是货郎行商的工具，在宋朝，它除了是孩童的玩具，也是货郎专门的"声替"，拨浪鼓有节奏的清亮响声，可以有效地吸引人群前来光顾。此外，货郎的幌子及其上的文字和图案，一出现也能吸引大人与孩童的目光。

3. 形象滑稽

苏汉臣《货郎图》中的货郎头戴印金红色抹额、绿色头巾，头巾上有四条系带，两条系扎在前，两条在后，帽上还簪了一朵茉莉花。在李嵩的《货郎图》中，货郎头上簪插的物品五花八门，有翎毛、小旗子、小风车，以及宋朝立春日要簪戴的黑色燕子"彩胜"，这样的形象滑稽逗乐，容易招引孩童。

▶　货郎头上簪戴的黑色燕子，应是宋朝立春日要戴的"彩胜" 宋，李嵩绘《货郎图》局部

二、其他行业商贩形象

根据孟元老《东京梦华录》记载，宋朝东京的生意人要根据所属行业来穿戴服饰，香铺做香生意的店家戴顶帽，围披肩；店铺中的管事要穿黑色短袖单衣，腰间束角带，不戴顶帽。此外，在《清明上河图》中，可以看到售卖鲜花、小吃的其他流动商贩。这些商贩多以小巾束发，穿短衫、长裤，或背褡、短裤，腰间束带，穿平头布鞋、草鞋，轻便利落，朴素简单。

小贴士　可以从哪些方面区分平民服饰与贵族服饰？

① 面料与色彩：平民服饰多用葛、麻等低廉面料，颜色以布料本色、浅色或低饱和度色彩为主；贵族服饰多用丝绸、织锦等珍贵面料，色彩丰富且相对明艳。② 服饰的长短宽窄：平民服饰多合身，便于劳动，较为短窄；贵族服饰相对较长，衣袖、衣身相对宽博。③ 服饰的装饰：平民服饰多朴素无华，少有装饰；贵族服饰多以印染、彩绘、刺绣、销金、珍珠等装饰，华丽典雅。④ 服饰的制式：具有礼服性质的"盛装"，比如大袖霞帔、官员公服，平民阶层一般不能穿用。

场景三十三　你的外卖到了

日上中天，东京汴梁的街头人声鼎沸，空气中弥漫着茶酒佳肴的香味。赵娘子方才派人来脚店点了餐食，嘱咐速速送去。饭菜准备齐整，店家遂打发一闲汉送去。闲汉端起餐食、餐具，向赵娘子家寻去。他身穿白色裲裆、裤、草鞋，腰系白色围裙，行动麻利，莫不是怕送去迟了客人会给差评？

▶ 宋，张择端绘《清明上河图》局部

一、外卖员的服饰

《清明上河图》中的这位"外卖员"在宋朝常被称为"闲汉"，专门为人跑腿，拿取物品。他头顶扎髻，身穿白色背褡，腰间系着附兜式围裙，穿白裤、白鞋。

宋朝的背褡原属内衣，但体力劳动者们为了劳作方便、凉快和舒适，一般直接外穿，年幼的孩童也常如此。头顶餐食，手拎便携的"餐桌"，腰间系围裙是宋朝外卖员的典型特征，从《清明上河图》中其他的外卖员形象中可以得到印证。

①~④　"外卖员"形象　宋，张择端绘《清明上河图》局部

二、餐饮服务人员的服饰特征

从《清明上河图》中其他餐饮服务人员的服饰来看，有以下共同特征：第一，头裹巾帕，以黑色居多，也有白色；第二，穿短衣背褡，上衣下裤均较短，上衣衣长在膝盖以上，裤子长度露出脚踝，也常见身穿白色背褡、腰间束带的形象；第三，腰系围裙，这是从事餐饮业人员的标志配件；第四，多穿平头布鞋、草鞋。

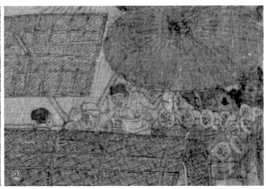

①②　餐饮服务人员形象　宋，张择端绘《清明上河图》局部

三、《清明上河图》中其他的"百工"形象

宋人张择端的传世名画《清明上河图》描绘了宋朝社会生活百态，人物服饰造型各具特色，士子、农民、工人、商贾、僧人、道士、车夫、船工、胥吏、篙师、缆夫，形形色色，其服饰各依本色而穿。打开这幅千年之前的画卷，一个个鲜明的职业形象让人有身临其境之感。

① 搬运工
② 轿夫
③ 修车师傅
④ 算命先生
⑤ 郎中
⑥ 胥吏 （①~⑥ 均出自宋朝张择端绘《清明上河图》局部）

小贴士 "百工"有没有独特的形象标志呢？

总体来看，不同身份职业的平民服饰，并没有特别的制式，只是在服饰质料、装饰工艺、穿着方式以及配饰等方面体现身份特征。宫中仕女的圆领袍与花冠，仪卫手持的铜骨朵，宫廷乐舞的华冠丽服，杂剧艺人的"诨裹"，农妇的合围裆裤，农夫的短褐斗笠，厨娘的襻膊围裙，茶贩的竹编席囊，货郎的拨浪鼓，外卖员的围裙背裆，这些服饰、器物成为不同职业的身份标识。

餐饮服务人员的穿搭展示

酒保殷勤邀瀹茗，道翁伛偻出迎门。

——宋，陆游《与儿孙同舟泛湖至西山旁憩酒家遂游任氏茅庵》

▲ 餐饮服务人员的职业形象

● 江城子的今日穿搭：

瓦灰苎麻短褐＋雅青绝布围裙＋牙白色苎麻裤＋蒲鞋

● 发型配饰：

雅青苎麻软裹头巾

第六章

成人礼
服饰

　　随着传统文化的复兴，在一些人生大事上，越来越多的人会选择传统的仪礼，比如为儿女办一场传统的"成人礼"，用传统的仪程完成自己的婚姻大事。在这些隆重的典礼上，华冠丽服，不可或缺，它不仅有着浓浓的仪式感，而且是身份角色转换的象征。

 场景三十四　再别陌上少年郎

　　白驹过隙，钱塘张公子已至弱冠之年，今日宴请宾客前来见证其冠礼。

　　迎宾，就位，开礼……张公子始穿四褉衫，梳总角，系勒帛，穿彩鞋，在东房中面向南站立。其父为其加幅巾，张公子回至东房更皂缘素色深衣，腰系绦带，行至庭中。其父为其加帽，遂更皂衫、绦带，是为再加。后又更换白细布襕衫、幞头，是为三加。若是有官位之家，则三加公服、皂靴。

　　礼毕，张公子作揖拜谢宾客长辈，褒衣宽袖，文质彬彬，俨然儒雅士子也。

一、冠礼与《朱子家礼》

　　冠礼，是中国汉族男子的成年礼，是嘉礼的一种。未成年男子不戴冠，所以加冠是男子成年的标志，表示男子可以婚娶、参加氏族的各项活动。

1. 冠礼年龄

　　《仪礼》定"男子二十而冠"。北宋司马光在《书仪》中规定"男子年十二至二十岁"

行冠礼。《朱子家礼》沿用了《书仪》的主要仪节，但将冠礼年纪规定为十五至二十岁，并且提出，如果年纪满十五岁的男子，能够精通《孝经》《论语》，粗略知道礼义，这时候行冠礼就再合适不过了。

2.《朱子家礼》

《仪礼》为儒家十三经之一，主要记载着周代士大夫阶层的冠、婚、丧、祭、乡、射、朝、聘等各种礼仪。宋朝有关冠礼的史料主要有北宋司马光的《书仪》、官方典籍《政和五礼新仪》、南宋朱熹的《朱子家礼》。前两者主要施行于北宋中晚期，都是在前朝仪礼的基础上进行了增补，对宋朝冠礼的复兴以及家庭伦理的建设起到了推动作用。

《朱子家礼》秉承《仪礼》，在宋朝官方礼仪以及司马光等前人的成果的基础上，删繁就简，让冠礼更便于在普通家庭中施行，具有很强的实用性。《朱子家礼》中的冠礼、婚礼简便易行，流传最广，对东南亚、日本、朝鲜等地均有深远影响。下文就以《朱子家礼》为蓝本，讲述冠礼的流程与服饰。

🌀 二、《朱子家礼》中的"三加"冠礼

1."三加"之前的流程

（1）主人告于祠堂。

《朱子家礼》曰："前期三日，主人告于祠堂。"在行冠礼之前的三天，主人须向祠堂相告。朱子简化了古礼中的"筮（shì）日"流程，建议行冠礼的日子在正月内选一天即可。

（2）戒宾。

朱子简化了古礼中的"筮宾"环节，建议选择一位"贤而有礼"的朋友担任加冠的正宾即可。主人告于祠堂以后，身着深衣登门拜访邀请正宾。

（3）宿宾。

为保证正宾如期参加，冠礼前一天，主人遣族中子弟致书给正宾，作正式的邀请。

（4）冠礼当日的准备。

冠礼当日清晨，准备冠礼所用服装、首服以及各类器物，所用的盛放器物、器物摆放位置等均有诸多规定。

（5）迎宾。

在族中子弟、亲戚中选择一位懂礼的人为赞者，再选择一位负责迎宾的傧相，面向西站立在门外。正宾和赞者身穿盛服来到主人家门外，东向站立等待，待傧相通报后，主人出门将正宾与赞者迎入正厅。

2.　"三加"冠礼

（1）加前。

将冠者穿四�（kuì）衫，梳总角，系勒帛，穿彩鞋，在东房中面向南站立。

（2）一加。

赞者为将冠者将总角梳成发髻束于头顶，加幅巾。将冠者回至东房中，脱去四褉衫，换上深衣，加大带，穿鞋，自房中出，面向南站立。

（3）再加。

执事为将冠者取下幅巾，戴上帽子。将冠者再次回到东房，脱去深衣，换上皂衫、革带，系鞋，走出东房，南向站立。

（4）三加。

执事为将冠者取下帽子，换上幞头。将冠者再次回到东房，脱去皂衫，有官位的人换上公服、革带、靴，无官位的人则换上襕衫、腰带、靴。将冠者走出东房，南向站立，作揖致谢。

3.　"三加"之后的流程

"三加"之礼之后，再行醮子、命字、拜见尊长等流程。

三、《朱子家礼》中的冠礼服饰

1.　"三加"的服饰

根据《朱子家礼》，将冠者加冠前服饰以及"三加"服饰整理如下：

关于"三加"，《朱子家礼》原文载："三加幞头，公服革带，纳靴执笏。若襕衫，纳靴。"这里对三加襕衫所搭配的首服和腰带未有清楚的交代，一种可能是三加襕衫也搭配幞头、革带，一种可能是襕衫的搭配有其定式，朱子没有再加说明。从《五百罗汉·应身观音图》中的士人形象来看，身穿襕衫的文人头戴儒巾，腰间系绦带。

男子冠礼的"三加"服饰表

步骤		首服（发型）	身服	足服	配饰
加冠前		总角	四褉衫	彩履	勒帛
一加		幅巾	深衣	履	大带
再加		帽子	皂衫	鞋	革带
三加	有官者	幞头	公服	靴	革带、笏
	无官者	幞头	襕衫	靴	带

冠礼『一加』的穿搭展示

深衣增重逾貂暖，立到天花雨满台。

——宋，刘鉴《和率斋王廉使三首·其二》

◀ 男子一加服饰

● 江城子的"一加"服饰：
朱子深衣＋大带＋五彩丝
绦＋云头履

● 发型配饰：
纱罗朱子幅巾

青盖皂衫无复禁，可能乘兴酒家眠。

——宋，王安石《清明辇下怀金陵》

● 江城子的"二加"服饰：

皂罗衫＋绦带＋云头履

● 发型配饰：

东坡巾

▲

男子二加服饰

冠礼『三加』的穿搭展示

我有大儿孔文举，弱冠骎骎暮齿。

——宋，刘辰翁《念奴娇·槐城赋以自寿，又和韵见寿，三和谢之》

● 江城子的"三加"服饰：

白绢中单＋白襕衫＋绦带＋皂靴

● 发型配饰：

儒巾

◀ 男子三加服饰

2. 四褉衫

"三加"礼开始以前，将冠之人身穿四褉衫。四褉衫，也作"四袴衫"，衣裾开衩曰"褉"，所以"四褉衫"是前后左右均有开衩的短衫，衣长通常不过膝，在宋朝多是庶人、儿童穿着。

3. 朱子深衣

深衣来源于先秦经典《礼记》的《深衣》篇，是指上衣、下裳分开裁剪并缝合到一起的制式，并有一定的制作规范。朱子深衣指根据《朱子家礼》记载考证的深衣，为男子的一种礼服，多用于祭祀等较为正式的场合。

朱子深衣的结构特点为直领而穿为交领，下身有裳十二幅，裳幅皆梯形，右衽穿着后，左襟三幅在外。朱子深衣的影响很大，日韩服饰中有部分礼服都是在朱子深衣制度的基础上制作的。

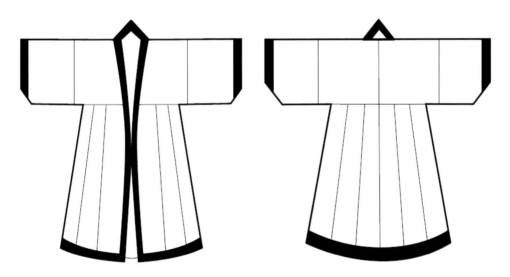

▲　朱子深衣形制示意图　根据《朱子家礼》绘制

4. 大带

古代的士大夫阶层在深衣外面要束一条大带以束衣，这条大带雅称"绅"，所以也被称为士绅或者绅士、缙绅。《朱子家礼》中记载的深衣大带用白缯制成，边缘夹缝有黑色牙线，宽四寸，穿用时在前面打结，系成"两耳"后垂下（形似现代的蝴蝶结），长度与下裳齐平。然后用五彩线系扎打结的地方，垂下的五彩线也要与下裳齐平。

5. 皂衫

皂衫又叫帽衫，是"帽"和"衫"组合穿着的套装。根据《宋史·舆服志》所载，帽衫以皂罗制成，搭配的帽以乌纱制成，搭配角带、系鞋，是国子生的常服。帽衫是宋朝士大夫出席礼见社交场合的礼服，到了南宋时期，帽衫的穿用逐渐减少，除了国子生仍然穿帽衫以外，士大夫阶层只有在祭祖、冠婚礼时穿。

> **小贴士**　**现代人在几岁行冠笄礼比较合适？**
>
> 　　冠笄礼是古代象征成年的礼仪，一方面可以在现代官方定义的"成年"年纪——18 岁时举办，一方面也可以根据地方习俗，在规定的年纪举办。此外，也可以在自己觉得重要的人生节点上举办，比如高中毕业、大学毕业等。冠笄礼的精神内核是其象征意义与仪式感，现代冠笄礼的举办时间可以根据自己需要灵活选择。◈

 场景三十五　吾家有女初长成

吾家有女，今年十五，已许嫁，清明将至，遂定于今日行笄礼。

众宾客眷眷济济一堂，家中妇人穿戴假髻、大衣、长裙，妾室皆穿戴假髻、褙子。香案、服饰、器物准备就绪，宾客就位，开礼。

吾妻盥手就位，小女正坐，上穿粉红抹胸、鹅黄上襦、球路纹绛罗裙。吾妻为小女挽起发髻，为其簪戴鎏金花头簪、花头桥梁钗。小女起身向宾客行揖礼后回到东房，不多时，更生色领绛罗褙子回到庭中，作揖拜谢各位宾客长者。循据《朱子家礼》，寻常人家女儿笄礼，"一加"即为礼成。

笄礼，是中国传统的女性成年礼。笄礼通常于女子十五岁举行，作为女性的成人礼，其制式与流程大体和冠礼相同。宋朝，女子笄礼（古代又称上头）多安排在清明前两日举行。南宋吴自牧《梦粱录》记："清明交三日，节前两日谓之寒食……凡官民不论小大家，子女未冠笄者，以此日上头。"皇室公主或官宦女子的笄礼流程繁复，三加的冠服也华丽尊贵，寻常人家女儿的笄礼流程相对简单，只施行一加褙子即可。

一、宋朝公主的及笄礼

　　《宋史·礼十八》中详细记载了宋朝公主的笄礼流程，公主年至十五岁，即使还未婚嫁也要行笄礼。公主笄礼用"三加"之仪，以示隆重。一加冠笄、裙褙，再加冠朵、大袖长裙，三加九翚四凤冠、褕翟。加笄时，皇帝亲临，待取字后，公主拜见父皇，聆听训诫。之后，公主需要拜见皇后、妃嫔等，接受她们的祝贺，这样笄礼就完成了。

　　一加的冠笄为固定冠的簪子，而冠朵为花朵型发簪。九翚四凤冠是雉鸡与凤结合的发冠，等级低于皇后所用的九龙四凤冠，是妃子与公主所戴的礼冠。褕翟是皇后的级别仅次于袆衣的礼服，也是诸侯夫人、公主、皇太子妃的最高级别礼服。公主的"三加"服饰用到了其可以穿用的最高级别冠服，以彰显身份的尊贵。

公主笄礼的"三加"冠服表

步骤	首服（发型）	身服	足服
始加	冠笄	裙褙	鞋
再加	冠朵	大袖长裙	鞋
三加	九翚四凤冠	褕翟	鞋

二、宋朝寻常女孩的及笄礼

　　和公主的笄礼相比，普通女孩的笄礼简便了许多，再加上古代"男尊女卑"思想的流行，关于普通家庭女孩的及笄礼的记载较为简略。

1.《书仪》中的及笄礼

　　根据北宋的《书仪》，女子在许嫁后方可加笄，如果一直未许嫁，最迟也要在二十岁时行笄礼。笄礼的地点在中堂，家中妇女婢妾充当执事者。执事者端拿放有冠笄的盘子，冠笄上用帕子蒙上。主人在中门迎接宾客，宾客言说祝词之后为女子加冠、笄，其余陈设、仪节、服饰、祝词等仿照冠礼。

2.《朱子家礼》中的及笄礼

　　南宋朱熹《朱子家礼》规定："女子许嫁，笄，年十五，虽未许嫁，亦笄。" 此时，许嫁已经不是行笄礼的必要条件，到了十五岁，不论是否婚嫁，都要行笄礼。女子笄礼一般为其母亲主导，实行一加"褙子、冠笄"即可，其余流程都与冠礼相同。

褙子作为宋朝女子常用的服饰，首次作为加笄礼服，具有很强的实用性和推广性，也体现了司马光、朱熹等宋朝儒士所主张的冠笄要用"时服"的理念，即要用当朝流行的服饰。

三、现代女孩的"改良"及笄礼

由于古代社会"男尊女卑"的思想，《书仪》《朱子家礼》中普通女孩笄礼的礼节略显单薄，仪式感尚有欠缺。笄礼是女孩子的成人礼，也是人生中重要的典礼之一，现代女孩如何拥有一场仪式感满满的宋式笄礼呢？

结合男子冠礼的流程、公主及笄礼以及《书仪》《朱子家礼》中的流程，再结合宋朝女子服饰体系，笔者提出现代女孩笄礼的"复兴"方案。

现代女孩的宋式笄礼也可以施行"三加"，结合宋朝未成年少女的形象，及笄之前可以梳丫髻，穿短衫、裤、鞋。挽起发髻后，更换襦裙，此为一加；母亲为笄者加冠笄，笄者穿褙子长裙，此为二加；母亲取下发笄，为笄者加冠朵，笄者穿大袖长裙，换翘头履，此为三加。如果想让礼节更隆重些，三加发饰可以换成凤簪或发冠，在大袖长裙的基础上加霞帔或直帔。其余流程同男子冠礼。

现代宋式笄礼的"三加"服饰表

步骤		首饰（发型）	身服	足服
及笄前		丫髻	短衫	弓鞋
一加		成人发髻	襦裙	弓鞋
再加		冠笄（简单的簪子）	裙褙	弓鞋
三加	常规版	冠朵（簪首为花朵）	大袖、长裙	翘头履
	华丽版	凤簪或发冠	大袖、长裙、霞帔（或直帔）	翘头履

笄礼『一加』的穿搭展示

石榴裙束纤腰裛。金莲稳衬弓靴小。

——宋，卢炳《菩萨蛮·石榴裙束纤腰裛》

● 西江月的"一加"服饰：
粉红抹胸＋鹅黄素罗上襦＋
球路纹绛红百迭裙＋弓鞋

● 发型配饰：
同心髻

● 妆容：
三白妆

▲
女子一加服饰

笄礼『二加』的穿搭展示

云鬓裁新绿，霞衣曳晓红。

——宋，苏轼《南歌子·云鬓裁新绿》

● 西江月的"二加"服饰：

粉红抹胸＋鹅黄素罗上襦＋球路纹绛红百迭裙＋泥金菊花纹缘边绛罗褙子＋弓鞋

● 发型配饰：

同心髻＋鎏金花头簪＋银鎏金花头桥梁钗

● 妆容：

三白妆

▲
女子二加服饰

紫帔红襟艳争浓。光彩烁疏栊。

——宋，朱敦儒《眼儿媚·紫帔红襟艳争浓》

● 西江月的"三加"服饰：

粉红抹胸＋鹅黄素罗上襦＋球路纹绛红百迭裙＋泥金菊花纹缘边绛罗褙子＋鹅黄素罗大袖＋缠枝牡丹提花罗直帔＋缠枝花草纹金帔坠＋翘头履

● 发型配饰：

高髻＋缕金银冠＋金荔枝耳坠

● 妆容：

三白妆

▲ 女子三加服饰

四、成人礼服饰小结

《政和五礼新仪》还记载了皇太子以及皇子的冠礼服饰，本书未作详细讲述，将其一起整理如下：

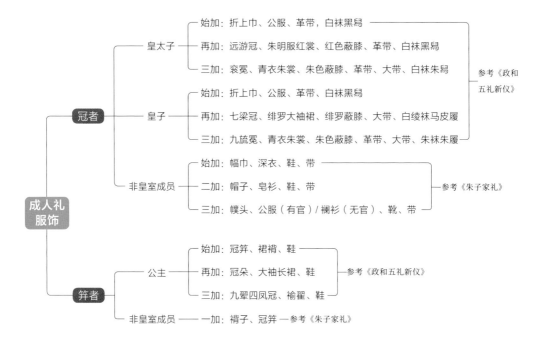

皇太子　始加：折上巾、公服、革带，白袜黑舄
　　　　再加：远游冠、朱明服红裳、红色蔽膝、革带、白袜黑舄
　　　　三加：衮冕、青衣朱裳、朱色蔽膝、革带、大带、白袜朱舄
　　　　　　　　　　　　　　　　　　　　　　　　参考《政和五礼新仪》

皇子　　始加：折上巾、公服、革带、白袜黑舄
　　　　再加：七梁冠、绯罗大袖裙、绯罗蔽膝、大带、白绫袜马皮履
　　　　三加：九旒冕、青衣朱裳、朱色蔽膝、革带、大带、朱袜朱履

冠者

成人礼服饰

非皇室成员　始加：幅巾、深衣、鞋、带
　　　　　　二加：帽子、皂衫、鞋、带　　参考《朱子家礼》
　　　　　　三加：幞头、公服（有官）/襕衫（无官）、靴、带

笄者

公主　　始加：冠笄、裙褶、鞋
　　　　再加：冠朵、大袖长裙、鞋　　参考《政和五礼新仪》
　　　　三加：九翟四凤冠、褕翟、鞋

非皇室成员　一加：褙子、冠笄 —参考《朱子家礼》

▲　不同身份人员的成人礼服饰

小贴士　完整的冠笄礼流程太复杂了，可以删减吗？

可以的。儒家十三经之一的《仪礼》规定了冠礼的基本框架，但纵观历代的冠笄礼，其流程仪节及所用冠服也有变革。另外，官方常恪守礼制规定，而士大夫与平民阶层也会根据需要进行"私人定制"。在延续冠笄礼象征意义与精神内涵的前提下，其流程多寡、仪节繁简，可以灵活优化，甚至可以增加具有时代特征或个人特色的环节。

第七章

婚礼服饰

　　婚礼是最重要的人生仪礼之一。关于成婚的年龄，宋朝官方推行早婚政策，规定："凡男年十五、女年十三以上，并听婚嫁。"而私家礼书则反对早婚，司马光、朱熹都把成婚的年龄定为男子年十六至三十，女子年十四至二十。

 ## 场景三十六　弄妆梳洗迟

　　吉时将至，迎亲的队伍渐行渐近。妆奁前的新妇，面着红妆，淡扫蛾眉，薄扫胭脂，浓点绛唇，眉间贴珍珠花钿，耳戴"一把莲"金耳坠，面若桃花，明媚动人。新裁云鬟，高挽同心髻，头戴云月纹缕金银冠，两侧以金球簪固定，冠上各色时令鲜花争奇斗艳，云鬟处缀珠金帘梳摇曳生姿，荣曜秋菊，华茂春松，皎皎若仙姝下凡。

一、婚礼流程

　　按照古礼，婚礼要经过六个步骤，称为"六礼"。六礼流程繁杂，讲究太多，在社会上难以全面推广。官方之礼尚能恪守，士大夫私家之礼和平民的民间俗礼则进行了删减和世俗化的改变。在六礼之前，先要进行"议婚"，即"相亲"。据《东京梦华录》载，相媳妇是男家亲人前往女家，如果没中意，就留下两匹彩缎，为女子压惊，代表这桩婚事不合适；如果看中了，就用发钗插冠中，叫作"插钗子"，接下来便进行六礼的流程。

1. 纳采

纳采,即男方家向女方家提亲。按照私家之礼,纳采前要行告祠堂之礼,把联姻之事郑重告于祖先。纳采的礼物,按照古礼应该是生雁,六礼中除纳币外,其余五礼皆以生雁为礼。因为在宋人看来,雁为"顺阴阳往来者",且对伴侣忠诚,寓意妇嫁从夫,忠诚相伴。

纳采所遣使者应为自家子弟,于当日身穿盛服到达女子家,表达求婚意图,主人应允后,将生雁赠予主人。然后交换婚书,即求婚信与允婚信。之后,主人设酒宴招待使者,纳采之礼即成。

2. 问名

问名,即男方家向女方家或媒人询问女方的名字、生辰进行占卜,俗礼称"系臂"。问名实际上是和纳采同日进行,纳采之后,使者立即问名。宋朝的问名,是问女子在家中的排行、生母名姓及生辰八字等,以便男方家占卜吉凶,进而决定是否合婚。

3. 纳吉

纳吉,即男方家卜得吉兆,通知女方家,并送定礼正式订立婚约。如果占卜结果为不吉,婚姻只好作罢。其实,纳吉之仪多是走个形式,一般在议婚前已得知生辰八字是否相合。

以上三种仪式,民间的俗礼统统不用,而代之以"过帖"和"过定"。所谓"过帖",实即交换婚书,帖有草帖、定帖之分。草帖上写着双方的生辰、家中排行、父母是否健在、官职、随嫁嫁妆等信息,通过媒人相互交换,待两家都同意后,便择吉日过定帖,即确认婚姻关系的正式婚书。

4. 纳征

纳征,也称纳币,即男方家向女方家送聘礼。聘礼的品种、数量不固定,视贫富不同,各从其便。朱熹在《朱子家礼》中规定:"币用色缯,贫富随宜,少不过两,多不逾十。今人更用钗钏羊酒果实之属,亦可。"

5. 请期

请期,即男方家择好成亲的吉日并派人告知女方家,征求对方同意,俗礼称"催妆"。亲迎前三日,男家送催妆花髻、销金盖头等新娘用品,女家则回送罗花幞头、绿袍、鞋等新郎用品。

6. 亲迎

亲迎就是正式的婚礼仪式，新郎至女方家迎娶新娘。按照古礼，亲迎之日，男方家长要行告庙礼，向祖先告知此事。然后行醮（jiào）子礼，即父亲要给予新郎郑重的叮嘱，然后向新郎发出迎娶之命。新郎领命后，便乘马前往女家，在其门口等候。此时，女家也要行告庙礼和醮女礼。礼毕，新娘父亲迎接新郎进门。迎回新娘后，同牢、合卺，便算礼成。

📎 二、婚嫁饰品

1. 花髻

前文提到男方送"催妆花髻"，这是一种用鲜花或绢花装饰的"特髻"，即假发。我们在仕女画中看到的古代女子多鬟髻高挽，鬓发如云，不禁羡慕其发量，其实这或许是用了假发的效果。

宋朝流行高髻，一些发量较少的女子为了加高自己的发髻，会将假发掺入其中，还可以根据自己的喜好"预制"好发髻形状，用时戴在头上即可，简单方便。因此假发在宋朝也很流行，在当时的汴梁还开了许多专门生产、销售特髻的店铺，供人随时选购。据《梦粱录》记载，南宋时士宦人家嫁娶时送的聘礼，就包括"珠翠特髻"等首饰。

2. 发冠

《梦粱录》说道仕宦之家聘礼中的首饰就包括"珠翠团冠"，"头戴银冠相媚好，银冠犹是嫁时妆"，由此可知，珠翠团冠、鎏金银冠是宋朝女子婚嫁时必备的行头。头戴用金、银、珍珠、鲜花装饰的发冠，也是典型的宋朝新娘形象。

3. 三金

坝今社会嫁娶流行的"三金"习俗，自宋朝就有记录，宋人吴自牧在《梦粱录·嫁娶》中记有："且论聘礼，富贵之家当备三金送之，则金钏、金镯、金帔坠者是也。"可见宋朝"三金"的聘礼为金臂钏、金手镯、金帔坠。

小贴士 穿大袖霞帔，头饰应该怎么选？

大袖霞帔在宋朝是后妃的常服，这里说的"常服"是指"盛服"，相当于小礼服，而不是日常的便装。所以在头饰的选择上，可以正式但不宜过于"盛大"，建议选团冠、花冠等发冠，也可以选用凤簪、博鬓为主要饰品。◈

 场景三十七　着我新嫁裳

迎亲锣鼓声已至院门外，新妇已经穿戴整齐，娇羞又紧张地等待着。

新妇上穿鹅黄素罗长褙子，下束球路纹销金绛纱褶裙，外罩牡丹纹生色领大袖。披缠枝花刺绣描金红霞帔，下缀双鱼金坠子，脚穿缀珠凤头履，再蒙上绛纱盖头。明眸流盼，玉容娇柔，服饰粲然，好似宫娥仙妃。

一、新娘的婚服

1. 红衣红裙

《梦粱录》写到宋朝的嫁娶风俗时，提到仕宦之家送与女方的聘礼："亦送销金大袖、黄罗销金裙、段红长裙，或红素罗大袖段亦得。"《朱子家礼》中所载女子婚服为红色大袖、红色长裙、高髻盛饰、同色盖头。官贵富庶之家的女子的婚服则是销金长裙、段红大袖。

由此可见，红色大袖、红色长裙是宋朝新娘婚服的定式，而是否穿用销金婚服，则取决于双方的经济条件。

2. 红霞帔

《梦粱录》中所载富贵之家送的"三金"中有"金帔坠"，即霞帔坠子。《东京梦华录》载"下催妆冠帔花粉，女家回公裳花幞头之类"，"冠帔"即珠翠团冠与霞帔。《朱子家礼》中提到霞帔与衣同色。由此可见，红色霞帔搭配金帔坠也是宋朝女子婚服的标志性元素。

霞帔一般用锦缎为面料，上面绣有花草或花鸟纹图案，两端呈尖状，在尖处装饰有金玉帔坠，与大袖长裙搭配使用，不仅可以保持服饰的平整，而且使装扮愈加华丽。

3. 红盖头

根据《梦粱录》记载："先三日，男家送催妆花髻、销金盖头……"，婚前几日男方送的催妆礼就有"销金盖头"，即面料加金的盖头。结合《朱子家礼》中提到的"红色大袖""同色盖头"可知，宋朝的新娘婚嫁时用红色盖头，富贵之家用红色销金盖头。用于婚嫁的红盖头形制应该类似于面衣，用一块红布帛裁制，蒙头覆面，取代了唐朝婚礼中遮羞的"扇"，成为新娘的必备行头。

4. 鞋子

相关的史料中，未见对新娘婚鞋的描述，对应大袖霞帔这样的盛装，笔者推测，新娘婚鞋可以是红色翘头履，以刺绣、珍珠装饰，并带有吉祥的花草凤鸟纹图案。

🌀 二、皇权的恩典——摄盛

所谓"摄盛"，是指出于对婚礼的重视，暂时提高所用衣服、车乘、器具等规格的现象。比如按惯例大袖霞帔非命妇不得穿用，公服非当官者不得穿用，但新婚的男女在婚礼这天是可以将其当作婚服的。通过这种方式，彰显了婚礼的重要性，使婚礼成为独一无二的人生典礼。

> **小贴士**　想办宋式婚礼，婚服怎么选？
>
> 如果新娘穿袆衣、褕翟等大礼服，那么新郎也要穿相应的衮服或冕服。建议选择大袖霞帔与公服幞头的婚服搭配，按照宋制，新娘穿红色大袖、红色长裙、红色霞帔，新郎根据品级可以穿绿色、红色、紫色公服。作为现代人，可以根据自己偏好，在色彩、配饰上变通选择。🔶

场景三十八　许十里红妆

迎亲的队伍已浩浩荡荡向前院走来，新郎被簇拥着走在队首，衣冠楚楚，满面春风。

他身穿绿色襕袍，腰束红鞓金銙带，头戴直脚幞头，鬓边簪罗花，脚穿乌皮靴，手持槐简，眉目清秀，神采俊逸。催妆的乐声响起，两位新人手持着同心结牵巾款款走出厅堂，才子佳人，佳偶天成。且祝他们琴瑟和鸣，花开并蒂。

▲　婚礼迎亲队伍　明，仇英绘《清明上河图》局部

❧ 一、新郎的装扮

1. 公服幞头

没有官位的平民男子，在婚礼这天，按照"摄胜"的规制，可以假九品官服，即穿绿袍，戴罗花幞头。男方所送催妆礼为新娘婚服，而女方的回礼则是新郎亲迎的礼服，即"金银双胜御、罗花幞头，绿袍、靴笏等物"。有官位的男子可以穿与自身身份匹配的最高等级礼服，以示隆重。

2. 同心结牵巾

孟元老《东京梦华录》载："婿于床前请新妇出。二家各出彩段绾一同心，谓之'牵巾'，男挂于笏，女搭于手，男倒行出，面皆相向。"新郎新娘拜堂时，两家各出一条彩缎结成同心结。新郎用笏板挂住一端，新娘将另一端搭在手上，两人相对，新郎牵着彩缎一端倒行而出。

3. 笏板与槐简

笏是官员手中所拿的狭长板子，用玉、象牙或竹片制成，不同的材质具有等级象征，不同官阶的人使用不同材质的笏。平民男子婚服假借九品官服，对应的笏是用槐木制作而成的，因此也叫"槐简"。

二、参加婚礼的宾客穿什么

不管是冠礼、及笄礼还是婚礼，都有众多宾客参与。根据《朱子家礼》，宾客都应该穿"盛服"出席。那么，不同身份的人的盛服是什么呢？

1. 媒人穿什么？

《东京梦华录》载："其媒人有数等，上等戴盖头，着紫褙子，说官亲宫院恩泽；中等戴冠子、黄包髻，褙子，或只系裙，手把青凉伞儿。"这句话说的是上等的媒人说皇宫官宦之家的婚事，头戴盖头，穿紫色褙子；中等的媒人戴发冠、黄色包髻，穿褙子、裙，手里撑着青色凉伞。

2. 其他宾客穿什么？

参照《朱子家礼》，有官的人穿戴幞头、公服、革带、靴、笏，进士穿戴幞头、襕衫、绦带，处士穿戴幞头、皂衫、带，没有官位的人则穿戴帽子、衫、带；如果这些条件都不具备，则穿深衣或凉衫。妇人戴假髻，穿大袖长裙；未出嫁的女子穿褙子，戴发冠；妾室则戴假髻，穿褙子。

宋朝婚服穿搭展示

● 西江月的新娘服饰：

素罗抹胸＋素罗襦＋鹅黄绉纱
褙子＋缠枝牡丹纹纱罗大袖＋
球路纹绛罗销金裙＋"一年景"
刺绣红霞帔＋双鱼金帔坠＋
缀珠凤头履

● 发型配饰：

绛纱盖头＋云月纹缕金银冠＋
长脚金球簪＋仿生绢花＋缀
珠金帘梳＋一把莲金耳坠

● 妆容：

飞霞妆＋珍珠花钿

饷耕如宾有翁媪，

头戴银冠相媚好。

银冠犹是嫁时妆，

马上不知人绝倒。

——宋·周紫芝《野妇行》

● 江城子的新郎形象：

白色中单＋黛青衬服＋绿罗
圆领襕袍（即九品公服）＋
銙带＋皂靴

● 发型配饰：

罗花直脚幞头＋槐简

◄
宋朝婚服穿搭

三、婚礼服饰小结

本章重点讲述士大夫及平民阶层的婚礼服饰，皇室成员的婚服应穿符合其身份规制的最高等级礼服。现将宋朝婚礼中新郎、新娘以及宾客所穿"盛服"整理如下：

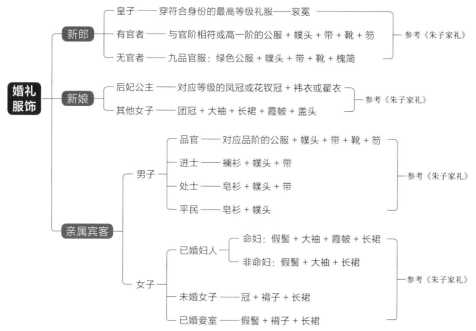

▲　不同身份人员的婚礼服饰

| 小贴士 | 传统礼衣复兴的意义是什么？
如何更好地传承下去？ |

汉服的复兴不仅是服饰复兴的象征，而且是文化传统复兴的缩影，复兴的意义是在充分了解历史的基础上，让文化传统在现代生活中更好地融合与传承下去。汉服传承的终极理想是汉服的结构特征、裁剪方式、传统制作工艺以及图案纹样等语言，能够"润物细无声"地融入现代服饰体系，融入当代人的生活场景。同样，传统仪礼复兴的意义也不是"复古"，而是重拾这些礼仪中蕴含的"仁义礼智信，温良恭俭让"的品德，让其融入家风、世风，继续发挥其社会教化作用。

第八章

宋朝服饰
体系梳理

　　宋朝服饰整体继承唐朝服制，在多民族文化融合以及社会风化的变迁中，产生了新的服制、新的穿着方式与习惯。不同阶层、不同身份、不同场合的着装均有其规定与约束，在朝会、祭祀、冠笄礼、婚礼等重要场合所穿的礼服，不仅是身份的标识，而且具有仪式的象征意义。在燕居、宴饮、踏青、赏雪等场合所穿常服（便服），较少受到礼制的约束，更多地体现主人的喜好与个性。

一、宋朝礼服体系

　　我国古代有着严格的等级制度，这种"高低贵贱"不仅体现在官位封号、院宅居所上，更体现在服饰上。皇亲宗室遍身罗绮、雯华若锦，平民百姓只能穿粗布麻裙、衣不兼彩。达官贵妇褒衣广袖、环佩粲然，村夫农妇只能敝衣芒履、葛巾布带。在等级制度下，赤、橙、黄、绿等色彩被用于标识身份，日、月、星辰、山川等纹样被用于象征权势。

　　礼服是在庄重场合或举行仪式时穿的服装，我国古代这种区分阶层身份的服饰等级，在礼服的穿着规定上体现得淋漓尽致，当然，宋朝也不例外。

　　在宋朝，什么身份、什么场合穿什么规制的礼服，都有严格的规定与等级划分，不能随意违反，轻则视为失礼，重则视为僭越。下图从官家、官员、命妇、平民男女不同阶层人群的视角，分解与梳理宋朝的礼服体系。

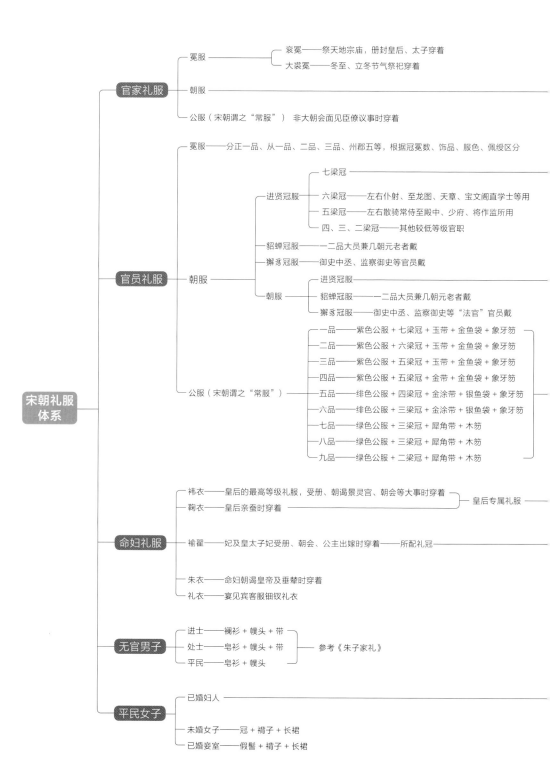

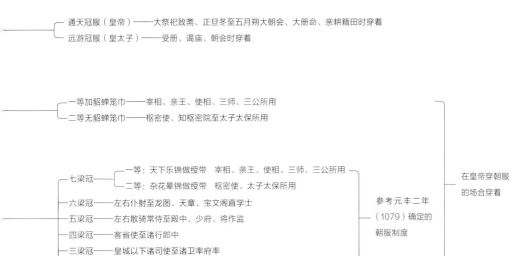

通天冠服（皇帝）——大祭祀致斋、正旦冬至五月朔大朝会、大册命、亲耕籍田时穿着
远游冠服（皇太子）——受册、谒庙、朝会时穿着

一等加貂蝉笼巾——宰相、亲王、使相、三师、三公所用
二等无貂蝉笼巾——枢密使、知枢密院至太子太保所用

七梁冠——一等：天下乐锦做绶带　宰相、亲王、使相、三师、三公所用
　　　　二等：杂花晕锦做绶带　枢密使、太子太保所用
六梁冠——左右仆射至龙图、天章、宝文阁直学士
五梁冠——左右散骑常侍至殿中、少府、将作监
四梁冠——客省使至诸行郎中
三梁冠——皇城以下诸司使至诸卫率府率
二梁冠——入内、内侍省内东西头供奉官、殿头，三班使臣，陪位京官

参考元丰二年（1079）确定的朝服制度

在皇帝穿朝服的场合穿着

—— 元丰改制以后

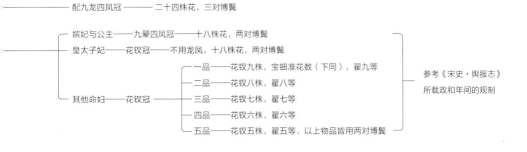

配九龙四凤冠 —— 二十四株花，三对博鬓

嫔妃与公主——九翟四凤冠——十八株花，两对博鬓
皇太子妃——花钗冠——不用龙凤，十八株花，两对博鬓
其他命妇——花钗冠——一品——花钗九株，宝钿准花数（下同），翟九等
　　　　　　　　　　　二品——花钗八株，翟八等
　　　　　　　　　　　三品——花钗七株，翟七等
　　　　　　　　　　　四品——花钗六株，翟六等
　　　　　　　　　　　五品——花钗五株，翟五等，以上物品皆用两对博鬓

参考《宋史·舆服志》所载政和年间的规制

命妇：假髻 + 大袖 + 霞帔 + 长裙
非命妇：假髻 + 大袖 + 长裙 —— 参考《朱子家礼》

二、宋朝便服体系

　　宋朝语境下的"常服"和现在的"常服"概念还是有区别的，宋朝的"常服"事实上是指"小礼服"，是日常穿着但比较正式的服饰，比如公服、大袖即为宋朝的"常服"。本小节所指的便服，即日常所穿的便装。

　　下图分男子、女子两类人群，从首服、身服、足服以及配饰四个层面，分解梳理宋朝便服体系。

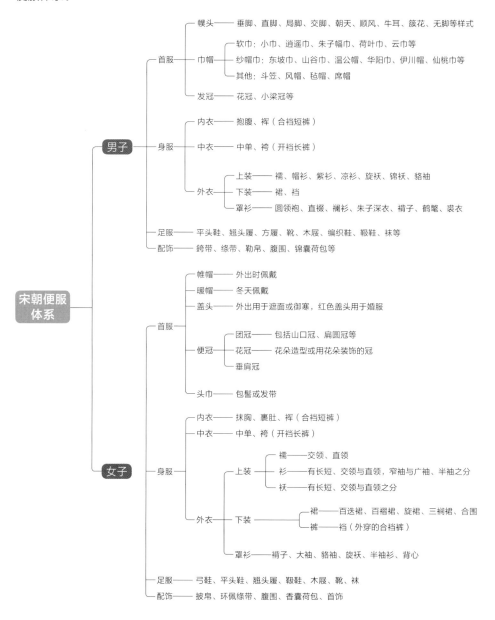

后记

    在书稿即将付梓之际，我的心绪竟有些复杂。能够专注于自己热爱的事情，在那些文物遗存、画作影像以及前人笔墨中解读历史密码，我是如此享受，竟有些舍不得这种充盈向上的状态；能够将宋画、宋词、宋服以及社会风俗等信息在搭建的场景中融合表达，完成自己初始的设想，我是如此欣喜，很是期待它会以怎样的面貌呈现给同袍们、读者们；作为文化遗产领域的研究者，我掌握着历史研究的方法，但作为传统服饰的爱好者，我又是如此忐忑，不知道"将传统文化通俗化表达"的初衷能否实现，让更多非专业的爱好者更容易"入门"。

    所以，读者朋友们，这本书是否能让你系统地了解不同场景下宋人的形象装束，惊叹于宋朝织造技术与服饰装饰工艺的精湛与华美？是否能让你感受到宋画刻画人物的传神与细腻，宋词描写服饰的生动与凝练？是否能让你回想起那些远去的大宋人物，感受到宋人的生活美学与市井烟火？如果你的答案是肯定的，我会感到非常荣幸，也感谢你们让我所有的坚持与努力都有了意义。

    当然，所有的研究都不是无源之水，感谢众多前辈们的研究成果给了我支撑与引导。如沈从文先生的《中国服饰史》、周锡保先生的《中国古代服饰史》、黄能馥与陈娟娟学者的《中国服装史》、华梅教授的《中国历代〈舆服志〉研究》、傅伯星先生的《大宋衣冠》、李芽与陈诗宇学者的《中国妆容之美》等。此外，《东京梦华录》《梦粱录》《武林旧事》《事林广记》《西湖繁胜录》《事物纪原》《演繁露》《建炎以来朝野杂记》《都城纪胜》以及《大宋宣和遗事》等宋朝笔记小说、文献也是我撰写过程中主要的史料依据。

"明来处，知去处，晓归处"，历史研究让文化复兴有了"根本"，但复兴不是复古，也不仅仅是复刻，复兴中一定会有发展与融合之后产生的"时代性"。因此，在讲述"宋人穿搭档案"中间，我穿插了作为"今人穿搭指南"的"小贴士"，希望针对爱好者穿着汉服时遇到的问题提供一些建议和参考，希望来源于历史的研究成果也能在当代生活场景下灵活应用。

"以古人之规矩，开自己之生面"，有传承也要有变革，这样才能延续传统文化的生命力，重塑具有时代特色的"礼仪之邦"。

2023 年 8 月